森の動態を考える

森の動態を考える

西口親雄著

八坂書房

目次

花ザクラ天国・日本
——まえがきに代えて——

英語の樹の本を読んでいたら、つぎのようなことが書いてあった。

「日本はサクラの独占国のように思われているが、サクラの種類は日本が一三種であるのに、中国は二三種もある。サクラの本場は中国にある」と。

これは、サクラの話ではなく、サクラ属の話である。この著者は、サクラとサクラ属をごっちゃにしている。そういう私も、いままで、サクラについて確かな認識をもっていた、とはいえそうにない。日本はサクラ天国なのか、いや、そうではないのか。そもそも、サクラとは、なにものなのか？

私は、NHK文化センター仙台教室で森林講座をもっている。サクラの話も何回かしてきた。サクラのことは、一応、知っているつもりでいたのだが、いまになって、こんな疑問が湧いてきたのである。そこでもう一度、原点にもどって、サクラのことを考えなおしてみた。まずは、手元にある樹木図鑑類をしらべてみた。

サクラはバラ科サクラ属 *Prunus* にぞくする。私なりに理解すれば、サクラ属とは、「実のなかにタネを一個（かたい皮につつまれて核となる）形成するもの」、ということになる。サクラ属はさらに、五つのグループ（亜属）に分けられるが、あまり細かく分けることは、問題をかえって複雑にする。問題のポイントは、サクラとはなにか、それを明確にすることにある。そこで、サクラ属を、サクラと、そうでないもの、に大別してみた。そのような考え方でサクラ属をみてみると、つぎの、三つのグループにまとめられた。

① ウワミズザクラ類：花序は穂状《すいじょう》（総状《そうじょう》）、

② モモ・ウメ・アンズ類：花序は散房状《さんぼうじょう》、大きな実をつける、

③ サクラ類：花序は散房状、実は比較的小さく、長い柄がつく（さくらんぼ）。

モモ・ウメ・アンズ類は、サクラ属にぞくし、花の姿もサクラと変わらないが、われわれがもっているサクラのイメージとは異なる。それは、果実の姿がちがうからである。サクラというイメージのなかには、花は散房状に咲き、実はさくらんぼ、という認識が含まれている。

実ザクラ（さくらんぼ）

『中国高等植物図鑑』をひもといてみると、モモは桃、ウメは梅、アンズは杏、という語が使われており、サクラ類は「桜桃《おうとう》」で表現されている。つまりサクラ＝さくらんぼ、という認識である。これは、桃

や梅とおなじく、食の対象物としての認識である。中国には、おいしいさくらんぼのなるユスラウメがある。これが桜桃（サクラ）の代表なのである。ヨーロッパでも、チェリーといえば、実を食べるサクラ、という認識がある。ワイルドチェリー（Wild Cherry　野生のサクラ）といえば、食べられるさくらんぼをつける*P. avium*（セイヨウミザクラ）のことである。これもユスラウメの仲間らしい。この実ザクラは、もともとは西アジア原産で、実を食べるためヨーロッパ各地で栽培されたものだが、現在は、いたるところで野生化している。

一方、日本人にとっては、サクラ＝さくらんぼ、という認識はない。それは、日本のヤマザクラ類のさくらんぼが、一般に、苦くて食の対象にならないからである。日本人にとって、サクラとは、美しい花を咲かせる樹、というイメージなのである。

ウワミズザクラ（バードチェリー）

ついでにいうと、欧米では、サクラ属の主流はウワミズザクラである。ウワミズザクラの仲間はバードチェリー（Bird Cherry）と呼ばれている。その実を野鳥が好むからである。だから、欧米では、チェリーといえば、ウワミズザクラをイメージするらしい。それも、花ではなく、野鳥が好む実ザクラをイメージするようである。チェリーという言葉に、花を愛《め》でる樹、という認識はない。日本のヤマザクラのような、華麗な花を咲かせる高木性のサクラが存在しないからである。

日本人も、ウワミズザクラをサクラとは認識していない。ウワミズザクラは、ヤマザクラ類の花が終わって半月ほどして花のシーズンをむかえるが、この花（白花が穂状になって咲く）に気づく人はいない。花の咲くころは、緑葉が茂って、せっかくの花もさえないからである。

中国では、ウワミズザクラ類は稠李《チユウリ》と呼ばれている。李とはスモモの仲間である。稠とは「茂る」という意味がある（小学館『新選漢和辞典』）。つまり、花期に葉のよく茂るスモモ、という認識ではないか、と思う。

花ザクラ（フラワリングチェリー）

サクラ=花という認識は、日本人独特のものらしい。中国や欧米では、さくらんぼを食べる実ザクラは、栽培され、品種改良も進められてきたが、日本では、サクラは花観賞用に栽培され、さらに花を改良した無数の品種が作り出されている。その代表がソメイヨシノである。だから、日本のサクラが欧米に導入されたとき、ジャパニーズチェリー（Japanese Cherry　日本のサクラ）は、フラワリングチェリー（Flowering Cherry　花ザクラ）という表現で、もてはやされることになる。そして、日本は「サクラ天国」という評判を得る。

中国でも、日本のソメイヨシノは、「日本桜花」という名で呼んでいる。中国の野生のサクラのひとつ、*P. serrulata*《プルヌス・セルラタ》という種類は、日本のヤマザクラの先祖ではないか、と私はみているが、そのサクラの中国名は「桜花」となっている。おそらく、ソメイヨシノ「日本桜花」に対比する形でつけられた、最近の名前ではないか、と思う。もともとの名は、「山桜桃」だったらしい。

現在、中国で、花を観賞するサクラとして認識されているのは、ただひとつ、カンヒザクラ（*P. campanulata*）で、中国名は「福建山桜花」となっている。雲南省昆明《クンミン》の公園には雲南桜の並木があり、サクラの名所になっているが、これもカンヒザクラの一派である。沖縄のカンヒザクラも中国とおなじ種（中国から移入したものが野生化した?）で、日本の桜祭りは毎年ここからはじまる。中国・昆明の桜祭りは、沖縄の桜祭りに刺激されて、最近になって行なわれるようになった、観光対策の祭りかもしれない。

伊豆の河津《かわづ》桜は二月に咲きはじめるが、これは、カンヒザクラとヤマザクラの交配種らしい。日本は、沖縄から北海道まで、春はサクラの花見で熱狂する。西行《さいぎょう》は、桜の木の下で死にたい、と詠んでいるが、この気持ちは日本人一般にもつうじるものがある。日本人のサクラ好きの血は、いったい、どこからきたのだろうか。

花ザクラ天国・日本、成立のなぞ

サクラには、いろいろ「なぞ」を感じる。なかでも最大のなぞは、どうして、日本が花ザクラの天国になったのか、というなぞである。それは、つぎのように言いかえることができる。すなわち、ウワミズザクラ類が世界中に広く分布しているのに、高木性のヤマザクラ類は、どうして、ヨーロッパやアメリカには存在しないのか、というなぞである。今回の本は、森や草原の生きものの「なぞ」解きに終始しているが、その手始めとして、「まえがき」の場を借りて、花ザクラのなぞ解きに挑戦してみたい。

(1) シカの食圧

ウワミズザクラ類は、欧米ではバードチェリーと呼ばれている。実（さくらんぼ）が野鳥に好まれるからである。ウワミズザクラの仲間が世界中に広く分布しているのは、野鳥がウワミズザクラのタネを、世界中にばらまいているからであろう。ヤマザクラ類の実もさくらんぼで、野鳥に好まれる点では、ウワミズザクラに引けをとらない。わが家の庭には、ウワミズザクラとヤマザクラとカスミザクラの、三種のサクラの実生苗《みしょう》が生えている。タネを野鳥が運んできたものだろう。ヤマザクラ類の分散力は、ウワミズザクラに劣らないと思う。にもかかわらず、ヨーロッパやアメリカには、ヤマザクラ類（高木性の花ザクラ）は存在しない。それはなぜか。考えられる理由は、ただひとつ。シカ類に滅ぼされてしまったのではないか。私はそう推理している。

『日本古生物図鑑（学生版）』をひもといてみると、ムカシヤマザクラ（現生ヤマザクラ類似の化石）は、第三紀中新世後期（約一〇〇〇万年前）には日本列島に出現している。一方、草食獣のシカ類が日本列島に出現するのは、第三紀の末期（三〇〇～二〇〇万年前）からで、進化したニホンジカの出現は第四紀（二〇〇万年前以後）になってからである。

おそらく、サクラ属（ヤマザクラ類やウワミズザクラ類）は、シカが出現するはるか前に、アジアからヨーロッパ、アメリカまで、広く分布していたにちがいない。しかし、やがて強敵シカが出現してくる。シカは、ヤマザクラの匂い（クマリン）が大好きで、葉っぱはもちろん、枝や樹皮まで、ボリボリ食べてしまう。われわれが、桜餅の葉の匂いを好むのとおなじ感覚だろう。

シカ類は、森林と草原が混在するような環境を好む。ヨーロッパやアメリカでシカ類が繁栄しているのは、そこが乾燥大陸で、シカの好む草原が豊富に存在するからである。そんな状況のなかで、植物が生き残っていくためには、シカに対する防衛力を身につけるしかない。その防衛力とは、どんなものだろうか。

（2）金華山からの情報

宮城県牡鹿《おしか》半島の先端にある金華山島の植物が、シカに対する生き残り法を教えてくれる。金華山は、シカの生息密度がひじょうに高く、シカの食圧で、よわい植物はみんな消えてしまった。そんななかで、現在生き残っている植物は、①毒草毒樹（ワラビ、ハナヒリノキ、シキミ）、②刺のある樹（メギ、サンショウ）、③食べられても食べられても萌芽《ぼうが》・再生してくる灌木（ガマズミ）の三つのグループである。ミヤコザサは、③のグループに入るが、金華山には自生していない。

金華山の森には、ヤマザクラ類は存在しない。金華山でヤマザクラ類がまっ先に消えてしまったように、ヨーロッパやアメリカでも、ヤマザクラ類は、シカの食圧を受けて、滅びてしまったのではないか、と私は推測する。ところが、日本列島では、ヤマザクラ類は生き残った。日本は多雨・多雪の森林国で、草原が少なく、シカは生息していたとしても、個体数はそれほど多くはなかったと思う。また、シカは、雪が苦手で、日本列島では太平洋側にしか生息しないから、ブナ帯のオオヤマザクラは、シカ害を受けることはなかった（もっとも、雪国の森にはカモシカが生息していて、オオヤマザクラは安泰、というわけではない）。太平洋側のヤマザクラはカシ帯（照葉樹林帯）のサクラで、むかしは、シイ・カシの森のなかで、ひっそりと隠れるように生きていたから、シカと遭遇することもなかっただろう。

日本列島でシカが勢力を張り出したのは、ヒトがやってきて、森林を伐開し、カシ・シイの森を雑木林やササ原に変えていったことと関係があろう。しかし、そのシカも、ヒトにとっては重要な食料となり、むやみに増加できなかったようである。金華山でシカが異常増殖しているのは、ごく最近の話で、原因は人間の過保護にあり、自然本来の姿、とはいえない。いずれにしても、おおむかしの、ヒト不在の自然条件下では、日本列島のヤマザクラ類は、深い森に保護されて、シカに滅ぼされるほどの圧力を受けることはなかった、と私は考えている。

(3) 毒っ気のつよいウワミズザクラ

ウワミズザクラがシカにひどく食害されている現場をみたことがない。まったく無害というわけではないが、ヤマザクラ類にくらべると、はるかに嫌われているようにみえる。葉や小枝には、ヤマザクラのような、かぐわしい香りはない。

アメリカの樹木学の教科書をみると、つぎのような記述がある。

「チョークチェリー（Chokecherry、*P. virginiana*　ウワミズザクラの仲間）は、北アメリカ大陸の北部をほぼ完全にカバーする、ごくふつうのサクラである。海抜〇メートルから二四〇〇メートルにまで生育し、開けた場所を好む。実は野鳥の好物である。野ウサギの食害で多くの広葉樹に多大の被害が発生している場所でも、チョークチェリーに被害はなく、よく繁栄している。」

チョークチェリーは、草食動物の食害につよい抵抗性のあることがわかる。

アメリカの、もうひとつのウワミズザクラ、ブラックチェリー（Black Cherry、*P. serotina*）は、枝・葉がシカに食害されることがあり、苗は野ウサギに好まれる、という記述もある。だから、ウワミズザクラ類すべてが、完全に無害というわけではないが、ヤマザクラ類にくらべると、シカの嗜好性は格段に低い、と私はみている。

(4)　刺とげのブラックソーン

ヨーロッパには、野生のサクラ属として、エゾノウワミズザクラ（*P. padus*）とブラックソーン（Blackthorn、*P. spinosa*　スモモに近い？）の二種が存在する。セイヨウミザクラは西アジア原産で、もともとのヨーロッパ種ではない。

ブラックソーンは、枝には鋭い刺がある。私はいままで、ブラックソーンの刺の存在意味など考えたこともなかったのだが、ここにきて、はっと気づいた。それは、シカ対策ではなかったのか、だから現在まで、生き残れたのではないのか、と。

そう気づいて、アメリカのサクラ属で刺のあるものが存在するかどうか、しらべてみた。カリフォルニア州には、アレチモモ（*P. andersonii*）、アレチアンズ（*P. fremontii*）、カラマススモモ（*P. subcordata*）が自生している。図鑑『カリフォルニアの樹木』をしらべてみると、これらの樹はみんな、枝に刺をもっていた。これらも、シカ防衛のためのものであるにちがいない。

(5) 萌芽性のつよいピンチェリー

アメリカのピンチェリー（Pin Cherry）は、灌木性のサクラの樹である。図鑑でみるかぎり、セイヨウミザクラに近い種類ではないか、と思う。樹木学の教科書には、つぎのような記述がある。

「ピンチェリー（*P. pensylvanica*）は、花序は散房状、新梢と若木の樹皮は赤っぽい。カナダから、南はコロラド、東はジョージアにまで分布し、平地から標高一八〇〇メートルまでみられる、ごくふつうのサクラである。陽樹で、伐開地や山火事跡地に速やかに進出する。実は野鳥に好まれる。葉や小枝はシカに好まれ、シカの重要な餌植物になっている。樹齢は短命（三〇年ほど）だが、容易に萌芽更新してくる。」

このサクラは、シカに好んで食べられていることがわかる。それでも滅びないのは、食べられても食べられても、萌芽してくる力があるからだ。金華山では、ガマズミがこれに相当する。ヨーロッパのセイヨウミザクラも、おなじようにつよい萌芽性があるのではないか、と思う。

再生力のつよい、灌木性のサクラは、シカにとっては、その生存を支えてくれる大切な食餌《しょくじ》植物のひとつになる。ピンチェリーは、木材生産には役に立たないけれど、野生生物保護の観点からみれば、重要な樹である。アメリカの樹木学の教科書には、そう書いてある。日本でシカの生存を支えている植物は、ミヤコザサである。

結局、欧米では、シカに対する防衛力のない高木性の花ザクラは、滅びてしまったにちがいない。日本が花ザクラ天国になったのは、森林国で、シカの勢力がよわかったからだ。これが、私の勝手な推理から導かれた結論である。

本文では、こんな推理話がいっぱい出てくるが、結論は、あくまでも、推測であることをおことわりしておきたい。つまりアマチュアの「森の生きもの推理小説」と認識していただければ、ありがたい。

1章　三春の滝桜
—エドヒガンと日本人—

エドヒガンの並木

昭和五十二年から平成三年までの一四年間、私は、宮城県鳴子町にある大学農場（東北大学）のなかの宿舎に住んでいた。大学農場は、江合《えあい》川ぞいの、段丘の上に広がっていた。畑や牧草地がモザイク状に配置され、農道が縦横に走っていた。畑や牧草地は、スギとコナラの混交する防風林でかこまれ、農道はサクラ並木になっていた。並木のサクラはエドヒガンという種類だった。樹齢は、そのころで八〇年くらいであった。農場が旧陸軍軍馬補充部であったころ（明治の終わりか大正の初め）に植えられたものだ。そのサクラ並木が、宿舎のすぐ下を通っている。二階の窓を開けると、エドヒガンの太い枝や細い枝が、重なりあい、もつれあって、目の前に展開している。冬は、枝から枝へ渡り歩くリスの姿をよくみかけた。

四月も半ばごろになると、宿舎前の広場でコブシの花が満開となる。防風林の下のササ藪では、さかんにウグイスが鳴くようになる。なのに、エドヒガンの動きは鈍い。つぼみが赤味をおびてきたのは四月二十日ごろだった。それから四、五日して、高温の日がつづくと、サクラの花は一気に満開となり、宿舎の南側の空間を淡いピンクの色で染めた。それもつかの間だった。五月の連休の日につよい風が吹いて、白い花弁は空に舞い、もう葉桜の季節に変わっていた。エドヒガンの花は、ソメイヨシノにくらべると、いくらか小さい。ソメイヨシノのように、枝もみえないほどに花を咲かせることはない。花のピークにはもう若葉が伸びはじめ、樹冠は、淡紅に淡緑が混ざって、やわらかい色彩を描く。上品なトーンである。大学農場のサクラ並木が、このあたりのお花見の名所になっているのも、うなずける。

サクラの天狗巣病

ある日、農場のサクラ並木を歩いていて、ところどころで、ひどく衰弱しているサクラの木があるのに気づいた。そんな木は、花もチラホラしかつかない。天狗巣病《てんぐすびょう》だった。このサクラ並木も、老齢になって、そろそろ衰弱しはじめたのか。最初は漠然と、そんなことを感じながら歩いていたのだが、奇妙なことに気づいた。天狗巣病にかかっているサクラは、どの木も、幹に縦溝がないのである。

エドヒガンはふつう、成木になると、幹に縦溝がたくさんあらわれる。いわゆる「桜肌」とはやや異なる。そこでもう一度、注意しながら歩いてみた。幹に縦溝のあるサクラには天狗巣病はみられなかった。梢はしなやかに伸び、枝や幹にも腐れはなく、いかにも健康そうだった。

天狗巣病にかかっていたのは、エドヒガンではなく、ソメイヨシノだった。農場のエドヒガンの並木には、ソメイヨシノが混じっていたのだった。

ソメイヨシノは、江戸時代末期に、駒込・染井の植木屋が、オオシマザクラを母体として作り出した品種で、オオシマザクラとエドヒガンの雑種と考えられている。樹勢は旺盛で、成長も速い。特徴は、葉が出る前に、いくらか紅をおびた、白い花を、枝一面に群がり咲かせることである。その華麗さが江戸の人びとを魅了し、たちまち日本全国に広がった。

しかし、一見、頑丈そうにみえたこのサクラは、たいへんな虚弱体質の持ち主だった。幹はコスカシバという穿孔虫《せんこうちゅう》によってデコボコに穴をあけられるし、枝は天狗巣病によってガタガタになる。ソメイヨシノは短命で、それが寿命のように思われているが、短命の原因は穿孔虫と病気のせいである。

遺伝学の権威・木原均博士のエッセイにつぎのような文がある。

「この春、外国から来たお客様を案内して、三島から小田原まで車を走らせたことがある。ちょうどサクラの満開時であるのに、塔の沢あたりで多少見られる花があっただけで、ほかはほとんど、てんぐすで見る影もなかった。特に三島から箱根にいたる道の両側にあるものは、全部てんぐすにかかっていた。(中略)。サクラの国といいながら、このありさまを見てはずかしい思いがした。」(一九五九)

そのとき、博士は、天狗巣病にもっともよわいのは、ソメイヨシノであることに気づく。そして、横浜の二、三の公園で、サクラの種類別に天狗巣病の被害率をしらべている。結果は、ソメイヨシノ七八・八％にたいして、オオシマザクラは二・一％であった。

むかし、このエッセイを読んだとき、私は、ソメイヨシノの虚弱体質が、もしかしたら、もうひとつの片親、エドヒガンに由来するのかもしれない、と思った。しかしいま、大学農場のエドヒガンの健全さをみて、この考えの当たらないことを知った。

同時に、ひとつの疑問が湧いてきた。ソメイヨシノの両親、つまり、オオシマザクラもエドヒガンも、天狗巣病にそれほどよわくないのに、どうして、その子どものソメイヨシノが、天狗巣病にこんなによわいのか、という疑問である。これは、人間による品種改良に落とし穴のあることを示している。

ソメイヨシノは、花の美しさを求めて、人間が品種改良を加え、その結果として誕生したものである。美しい花、という性質を引き出す過程で、野性のつよさが失われていった、と考えられる。

「野性のつよさ」は、なにもなければわかりにくいことだが、ソメイヨシノという人工のサクラが天狗巣病によわい、という事実を知ってみると、逆に、野生のサクラはすべて、天狗巣病につよい抵抗力をもっていることがわかるのである。一般的にいえば、すべての生きものは、身近に存在する病原菌に抵抗力をもっており、抵抗力がないと、生きものは、野外では生きていけないのである。

大学農場は、約二〇〇〇ヘクタールの山林をもつ。サクラ並木のエドヒガンの苗木も、おそらく、農場の山から採ってきたものだろう。農場の奥山はブナ帯となり、サクラはほとんど、花が紅色のベニヤマザクラ（オオヤマザクラ）となる。そこには、エドヒガンはみられない。

里に近いほうの山林はコナラの雑木林が多く、サクラは花の白いカスミザクラが主流となる。しかしよくしらべてみると、沢筋の、急斜面の崖っぷちなどに、エドヒガンの老大木をときどきみかける。このあたりはブナ帯下部にあたる。エドヒガンは、ブナ帯下部で、カスミザクラと混在しながら生活しているが、カスミザクラに圧倒されて、隠れるように、ひっそりと生きているようにみえる。

エドヒガン（*Prunus pendula*）は、常識的にはヤマザクラ類のひとつとして扱ってもよいとは思うが、葉柄《ようへい》が短く（〇・五～一・〇センチ）、蜜腺《みつせん》が、葉柄ではなく葉身の基部についているなど、ヤマザクラ類とは、やや系統が異なる。

高橋秀男監修『樹木大図鑑』をひもといてみると、エドヒガンの分布は、「本州・四国・九州、済州島（韓国）、中国中部、台湾」とある。そこで『中国高等植物図鑑』をひもといてみると、*P. pendula* というサクラは記載されていない。

エドヒガンって、なにもの？　その素性がわからず、悩んでいたとき、NHK文化センター仙台支社のKさんが、三春《みはる》の滝桜に関する資料と、山と溪谷社の『日本の桜』という本をもってきてくださった。

その本によると、エドヒガンにごく近い種が台湾（中・北部の高地）に一種、中国河北省の西部山地の海抜一〇〇〇メートルあたりに一種、存在するという。そして、研究者によっては、それらは日本のエドヒガンとおなじ種、という見解もあるらしい。

ともかく、エドヒガンの、おなじ種か、ごく近縁の種が、中国大陸にも存在することがわかった。しかし、これらのサクラは、ごくかぎられた地域に、ほそぼそと、隔離分布的に生きているらしい。だから、

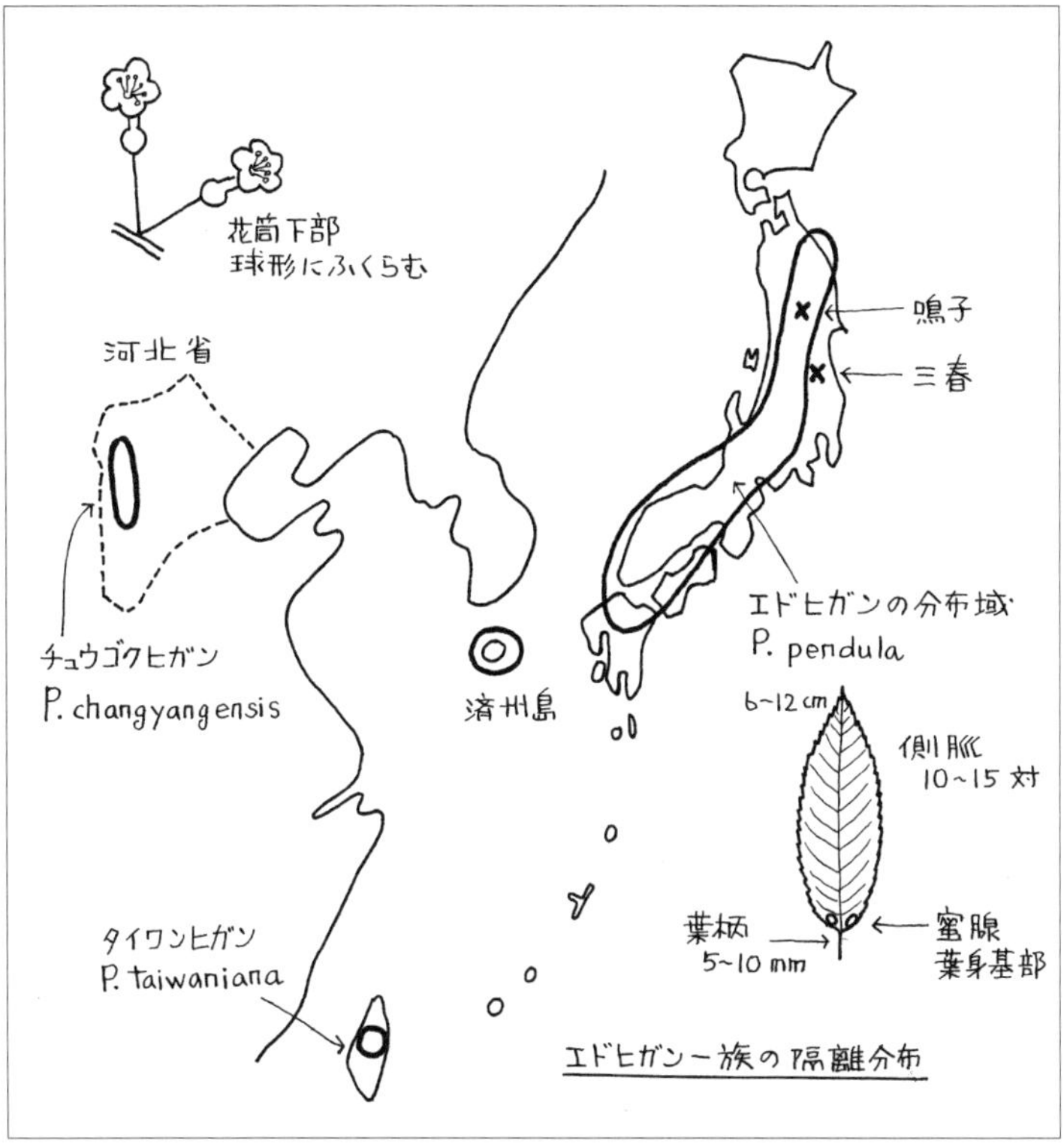

エドヒガンは、日本の本州・四国・九州と韓国の済州島に分布し、ごく近縁の種が、台湾に1種、中国の河北省に1種、それぞれせまい地域に、細ぼそと生き残っている。花（左上）は、花筒の下部がふくらんでいるので、ヒョウタンザクラとも呼ばれている。

『中国高等植物図鑑』にも出てこないのだ。

隔離分布は、その種が衰退しつつあることを示している。私は、エドヒガンをつぎのように解釈した。

「ヤマザクラ類よりは原始的で、もともとは、中国大陸に広く分布していたものが、あとから進化してきたヤマザクラ類に圧倒され、駆逐されて、いまは、河北省と台湾の一地区に、かろうじて生き残っている。そして、その一族の一部が、日本列島に逃げこんできた」と。

三春の滝桜

平成十三年四月二十三日はみどりの週の初日だった。私はもう、大学を定年でやめており、NHK文化センター仙台教室の講師をしていた。われわれ森林教室の一行は、福島県三春の滝桜をみに出かけた。

私はいつも、目的地につくまで、バスのなかで、なにかひとつテーマをきめて講話をすることにしている。今回は、三春の滝桜がエドヒガンであることから、エドヒガンをテーマにして話をすることにした。そして、エドヒガンが中国から日本に逃げこんで、やっと生き残っている、かわいそうなサクラである、というようなことを話した。参加者のみなさんは、エドヒガンについての予備知識を仕入れる。バスは三春に到着した。三春はおだやかに晴れていた。ちょうどお花見のシーズンとあって、東京あたりからも、たくさんの観光バスがきていた。

滝桜は、想像していた以上に、大きかった。枝は四方にしだれて、淡いピンクの花を一面につけていた。樹齢は推定一〇〇〇年とあった。エドヒガンの花は、筒の基部がふくらんでいる。それで、ヒョウタンザクラとも呼ばれている。落下した花を拾って、そのふくらみを確認することができた。

三春の滝桜は、想像していた以上に大きかった。樹齢は推定1000年。枝はしだれて淡いピンクの花を一面につけていた。

帰路は、各地の有名なサクラを訪ねた。三春町では成田神社の「種まき桜」（樹齢四〇〇年）、岩代《いわしろ》町では「合戦場の桜」（樹齢一五〇年）、川俣《かわまた》町では「秋山の駒桜」（樹齢四〇〇年）などをみた。有名なサクラの巨木は、すべてエドヒガンであった。福島県には、各地にサクラの巨木があって、それに番付をつけている。三春の滝桜を東の横綱にして、大関・関脇・小結から前頭まで、数多くのサクラが登録されていた。

エドヒガンのある場所は、お寺の境内が多かった。むかし、東北の農民は、お墓の近くにサクラを植えたらしい。先祖を敬う気持ちのあらわれだろうか。

帰路は、阿武隈《あぶくま》山地を北上することになった。山は、雑木林とスギ林で占められていた。コナラの雑木林はまだ葉は出ておらず、そんななかで、点々とサクラの花がみられたが、花は白ばかりで、ピンクはみられなかった。

つまり、阿武隈山地の野生のサクラは、カスミザクラばかりで、ヤマザクラも、エドヒガンの野生のものも、存在しないと思われた。阿武隈山地は、むしろカシ帯に近く、エドヒガンにとっては、どこか、肌にあわないものがあるのだろう。

アボック社『樹の本』によると、エドヒガンの分布は、東北の岩手から九州の中部まで帯状に延びているが、阿武隈山地から関東東部は分布域からはずれている。また、紀伊半島や九州南部も、分布域からはずれている。このことから、エドヒガンは、太平洋側の、海岸に近い地域は苦手なのではないか、と思われる。むしろ、雪国のほうが、性にあっているのかもしれない。枝にしだれる傾向があるのは、雪にたいする適応のあらわれかもしれない。

エドヒガンを救った日本

阿武隈山地には、野生のエドヒガンは存在しない。にもかかわらず、お寺のお墓、神社の境内に、エドヒガンの植栽木がたくさんみられる。三春の滝桜は、一〇〇〇年も前に、すでにその地に植えられている。

では、これらのエドヒガンの苗木は、どこからもってきたのだろうか。もともと、阿武隈山地にも、少しは野生ものがあったのだろうか。それとも、内陸の会津《あいづ》あたりからもってきたのだろうか。三春の滝桜は、その「なぞ」をかかえて、一〇〇〇年も生きている。

エドヒガンは、日本各地でも植栽をみる。岐阜県根尾《ねお》村の「淡墨桜《うすずみざくら》」もエドヒガンである。盛岡の石割桜もエドヒガンである。自然の森では、ほかのヤマザクラ類にくらべると、はるかに数が少ないのに、サクラの植栽となると、圧倒的にエドヒガンが多い（江戸末期以後のソメイヨシノは別にして）。

むかしの日本人は、なぜ、エドヒガンを好んで植えたのだろうか。おそらく、枝がしだれる姿の繊細さに、なにか好感を抱いたのではないか、と思う。エドヒガンは、ふるさとの中国では、すでに滅びつつある。日本列島にきて安住の地をみつけた、とはいうものの、やっぱり、ほそぼそと生きているようにみえる。このエドヒガンを、日本人はあちこちに植えて、大切に育てた。エドヒガンは、いまや、日本を代表する花ザクラとなった。

私は、阿武隈山地をみてまわって、はじめて気づいた。エドヒガンが、日本にきて幸せをつかんだことを。私は、来るときのバスのなかでは、エドヒガンが、日本でやっと生き残っている、かわいそうなサクラである、という話をしたが、帰りのバスでは、エドヒガンは、日本という島国に逃げてきて、すみかを与えられ、あとからやってきた日本人によって、大切に植えられ、守られて、いま、大繁栄の幸福にひたっている、という話をして、エドヒガンを祝福した。

2章　松島湾のヤマザクラ

――山の間照らす――

ヤマザクラの里

宮城県鳴子町にある東北大学農場で一四年間生活し、平成三年に定年を迎える。定年後は、松島湾南側の、小さな半島の町、七ケ浜に寓居を構える。

近くに多聞山《たもんざん》という、小さな丘がある。松島湾に広がる島じまを展望することができる。四月下旬、多聞山から君ケ岡公園のほうへと、田圃の畔道《あぜみち》を歩いていた。まわりの丘の雑木林は、白と紅と浅緑に彩られて、とても美しかった。晴天であったが、丘は春霞がたなびき、のんびりしていた。

白い色はカスミザクラの花、紅色はヤマザクラの花と若葉の色、そして浅緑はイヌシデとウワミズザクラの若葉の色だった。七ケ浜はヤマザクラの里だった。この、のどかな里山のたたずまいをみて、なぜか、

「いにしえの奈良の風景」ではないか、と思った。

なぜ、「いにしえの奈良の風景」と思ったのか、理由はわからない。強いていえば、私のふるさとは大阪の生駒山のふもとで、山のむこう側は奈良であり、そのあたりは、子どものころ遊びまわっていたところだ。そのときの風景が、私の潜在意識のなかに残っていて、その映像が、突然、頭のなかによみがえってきたのかもしれない。

「いにしえの奈良の風景」は、現在の奈良には、もう残っていない。その風景が、奈良から一〇〇〇キロも離れた東北の田舎町に、いま、残っている。どうして？　そのときは、そんな疑問も、いっしょに湧いてきた。

私がふるさとを離れたのは一五歳のときだから、もう六〇年もむかしのことになる。ふり返れば、大阪・鹿児島・東京・南伊豆・北海道と渡り歩いて、宮城県（鳴子）にやってきたのは、四九歳のとき、いまから二五年前である。そして、定年になって、残された人生を宮城県で送るつもりで、寓居を構えたのが七ケ浜という海岸の田舎町であった。数えてみれば、滞在年数は東北がもっとも長くなっている。その最終地?で、ふるさとの風景に遭遇するふしぎを味わったのである。

七ケ浜にきて二年して、隣町・多賀城市の「町づくり委員会」の委員になる。市の職員から、多賀城の歴史の講義を受けて、はじめて、多賀城が、奈良時代の、大和朝廷の出先機関であったことを知った。そして、七ケ浜は、塩焼き場として、多くの専門技術者が奈良から送りこまれてきた、という話も聞いた。私は、七ケ浜が、いにしえの奈良と結びついていたことを知り、あらためて驚くとともに、納得するものがあった。

古代多賀城の丘　―山の間照らす桜花―

七ケ浜から多賀城にかけては、宮城県では、もっとも温暖な地域である。二月になると、民家の庭さきはヤブツバキのまっ赤な花で彩られる。四月も下旬になれば、カスミザクラの白花に混じって、ヤマザクラの紅花が雑木林を飾る。五月になれば、乾燥斜面はコナラの芽吹きで銀色に光るが、湿性斜面には常緑広葉樹のウラジロガシの樹林が残っていて、山肌を青緑色に染める。海岸域に出れば、タブノキやシロダモの、クスノキ科樹木の森もみられる。

大和朝廷の人びとは、多賀城から七ケ浜にかけての丘の風景に、ふるさと奈良の風景をみいだしたのではないか、そして、そこに、政庁を構築したのではないか、と私は想像するのである。

いまから一三〇〇年のむかし、七一〇年、奈良の地に平城京《へいじょうきょう》が造営される。都市国家の建設が進行するにつれて、人口が増え、周辺の森林は伐採が進み、常緑広葉樹のカシの森はコラナやヤマザクラの、明るい落葉広葉樹林に変貌していく。そして、天平《てんぴょう》文化の華が開いたころ、里山にはヤマザクラが増えて、美しいサクラの都が形成されていく。

万葉集をひもといてみると、

あしひきの　山の間《ま》照らす桜花　この春雨に散りゆかむかも

という歌が出てくる。山の斜面にサクラの花が明るく咲き競って、花明《あ》かりのように、山間を照らしている様子がわかる。

万葉集にもっとも多く登場する植物は萩（ヤマハギ）である。ヤマハギも、ヤマザクラも、明るい雑木林に多い。奈良の都のまわりには、明るい雑木林が広がっていたことがわかる。しかし、この美しい風景も長つづきはしなかった。都をとりかこむ山やまの木々はことごとく伐採され、裸山になって崩壊し、都を土砂で埋めてしまったからである。

松島湾周辺のヤマザクラ

七ケ浜に居を構えたのは、温暖な土地ということのほかに、週一回の講義（森林資源学）で、石巻専修大学にかよう必要があったからでもある。途中、松島湾の海岸にそって車を走らせる。松島は、松の島、と思っていたが、四月下旬、海岸線は花の白いサクラと紅色のサクラが咲き競い、これがマツの緑に映えて、驚くほど美しい。松島は、マツとサクラの島であった。

この赤っぽいサクラ（花はピンクで若葉が赤褐色）がヤマザクラだろう、とは思っていたが、のちになって、樹木図鑑をしらべていて、ヤマザクラの分布の中心地域が関東から西にあり、一部が飛び火的に宮城県の牡鹿《おしか》半島にも分布することを知った。アボック社『樹の本』という小冊子にはその分布図が出ている。私は最初、七ケ浜の丘の雑木林でヤマザクラの存在に気づいたのだが、このあたりには、さまざまなサクラが植えられている。だから、雑木林のヤマザクラが自生ものかどうか、ちょっと気になった。そこで、多聞山にいって、海に面した崖っぷちにヤマザクラを探してみた。あった。あちこちに、やや矮性《わいせい》のヤマザクラがみられた。ここでは、ヤマザクラは海岸の植物であった。

私は初めて、松島湾のヤマザクラのおもしろさに気づいた。そういえば、カスミザクラの白花とヤマザクラの紅花が、競うように混じって咲くのは、松島湾の海岸近くだけである。少し内陸に入ると、もうヤマザクラはみられない。仙台青葉山にもない。

縄文時代のレリクト（遺物）

では、ヤマザクラが、牡鹿半島から松島湾一帯に、飛び火的に分布しているのは、どのように解釈すべきだろうか。最近、青葉山や石巻のほうの山で、シラカシ（福島が北限）の実生若木をよくみかける。これは、地球温暖化のサインのひとつではないか、という見方がある。私は最初、松島湾のヤマザクラも、おなじ現象か、と思っていたのだが、なんとなく納得できない。いろいろ考えていて、あるとき突然、逆の発想がひらめいた。それは、つぎのような考え方である。

いまから一万数千年前、第四氷河期が終わって、植物は北上を開始する。その場合、植物によって北上のスピードが異なる。どんぐりで移動するナラやカシ類は移動スピードがゆっくりしているが、サクラ類は、さくらんぼのタネが野鳥に運ばれるから、移動スピードは、はるかに速い。

そして縄文時代は、気温が上昇（現在より二℃ほど高い）して、ヤマザクラも青森あたりまで北上していたのではないかと思う。その後、弥生時代になってふたたび気温が下がり、今度は、植物たちの南下がはじまる。東北にいたヤマザクラも、どんどん南下するが、松島湾の海岸ぞいで生活していたヤマザクラ群は、温暖な気候と暖かい海にめぐまれて、移動する必要を感じなかったのではないか。しかし、宮城県のヤマザクラは、みんな南下してしまったから、結局、松島湾のヤマザクラは、松島湾にとり残されてしまった。つまり、松島湾のヤマザクラは、いわば「縄文時代のレリクト」ではないか。

「氷河期のレリクト」という言葉がある。氷河期が終わって、北

ヤマザクラの分布の中心は、関東から西にあり、牡鹿半島には飛び火的に分布している。

方系の生きものが北へ帰っていく。そのとき、帰り道をまちがえて、高い山に登って、本隊からとり残された状態になるものもいる。それが、氷河期のレリクトである。たとえば、本州でただ一か所にのみみられる早池峰《はやちね》のアカエゾマツが、そうである。

ふつう、氷河期のレリクトは、北方系の生きものの話である。それとちょうど逆のことが、規模は小さいが、縄文時代に、南方系の生きものについても、いえるのである。それを、私は「縄文のレリクト」と表現したい。松島湾のヤマザクラは、その例のひとつではないか、と私は考えるのである。

ヤマザクラのふるさと

ヤマザクラ（*Prunus jamasakura*）は、日本の関東以西（屋久島まで）の暖地と朝鮮半島南部にのみ分布する。葉は、やや幅せまく、すらりとしている。葉質はやや厚く、裏は白っぽい。鋸歯《きょし》は細かく、先端は毛状に伸びている。照葉樹林帯のサクラで、日本列島準特産といえる。

ヤマザクラは日本列島で誕生したとして、では、ヤマザクラの先祖はなにものなのか、それはどこからやってきたのだろうか。私は、中国（東北〜華北・華中）に分布する*P. serrulata*（中国名：桜花）がその先祖ではないか、と考えている。

先祖ヤマザクラは、中国から朝鮮半島を経由して日本に渡来し、列島の環境に適応して、ヤマザクラとオオヤマザクラ（*P. sargentii*）に分化する。そして、オオヤマザクラは、寒冷で雪の多い北部を占め、ヤマザクラは、温暖で雪の少ない西南部を占める。つまり日本列島を南北に「すみわけ」たのである。先祖ヤマザクラが日本列島にやってきたのは、第三紀中新世の末期ではないか、と推測する。

そのころ、日本列島の西南部は、照葉樹の森が支配している。陽樹であるヤマザクラは、暗い照葉樹林のなかで、シイやカシにかこまれながら、どのようにして、生きてきたのだろうか。どんな場所で、生活していたのだろうか。

私は、松島湾のヤマザクラが、アカマツやクロマツと共存しながら、海岸に生きている姿をみて、関東以西の照葉樹林帯のヤマザクラも、むかしは、海岸ではクロマツと、山の尾根筋ではアカマツと混生しながら、仲良く、ひっそりと、生きつづけてきたのではないか、と思うようになった。

このヤマザクラが、現在、西日本で繁栄しているのは、ヒトがやってきて、森林を伐採するようになってからだと思う。照葉樹林帯でも、明るい林地が増えてきて、ヤマザクラも勢力を張ることができるようになった。そして、奈良時代にわが世の春をむかえた、というわけである。

伊豆でオオシマザクラをみる

ソメイヨシノは、エドヒガンとオオシマザクラの人工交配で生まれたサクラらしい。その片親のエドヒガンについては、すでに考察してきた。では、もうひとつの片親・オオシマザクラは、どんなサクラなのか。

もう四五年もむかし、大学を卒業して、私はひとりで、南伊豆の山のなかに赴任した（東京大学樹芸研究所）。宿舎は農家風の建てものだった。玄関前に大きなサクラの木が出むかえてくれた。オオシマザクラであった。それから一年たって、北海道に転勤することになった。そのときも、オオシマザクラは、白い花をいっぱい咲かせて、見送ってくれた。このときは、女房づれの、ふたり旅となった。南伊豆では、オオシマザクラは、一年間、苦労と楽しみをともにしてきた、家族の一員のような存在だった。伊豆を出てから、私も成長した。いまは、樹木のことも、少しはわかるようになった。そして、オオシマザクラについては、その素性がなぞめいてみえる私になっていた。

ある年の三月下旬、東京の旅行社の企画で、箱根から伊豆のサクラ探訪に出かけた。私は、オオシマザクラがみたくて、そのガイドを引き受けた。伊豆大室山《おおむろ》のふもとの「さくらの里」は、まさに、サクラの花のシーズンだった。ソメイヨシノはもちろん、数多くのサクラの種、品種が植えてあった。オオシマザクラも、あちこちに植えてあった。花の色もさまざまなサクラ類の、絢爛豪華な花の競演に、頭がくらくらする気分だった。

そのあと、頭を冷やしに、城ケ崎《じょうがさき》海岸の自然研究路、ピクニカル・コースをのんびり歩いた。トベラ、マサキ、ヤツデ、ヒサカキ、タブノキ、ヤブニッケイ、シロダモ、クスノキなど、暖温帯の常緑広葉樹がむかえてくれる。ヒメユズリハとヤマモモの大きな木があった。東北に住むものにとっては、珍しい樹ばかりだったが、私には、なにか、なつかしい感情がよみがえってきた。

そんな照葉樹林のなかで、白い花を枝一面に咲かせているサクラの木が一本あった。そこだけが、パッと明るく、華やかだった。オオシマザクラとみた。さくらの里では、それほど感動しなかったサクラだが、自然の照葉樹林のなかで、ひとり、けなげに頑張っているオオシマザクラをみて、大きな感動を覚えた。

オオシマザクラのなぞ

オオシマザクラについては、私は、ひとつのなぞを感じていた。それは、分布が伊豆七島にかぎられていることである（伊豆半島、房総半島のものは、人為分布らしい）。

山と溪谷社『樹に咲く花・離弁花①』によると、オオシマザクラの葉は、葉身は八～一三センチ、幅五～八センチ、倒卵長楕円形、鋸歯《きょし》の先端が芒状《のぎじょう》に長く伸び、質はやや厚く、表面は濃緑で光沢があり、裏面は淡緑色で、両面とも無毛、とある。これは、葉裏が白っぽくないことを除けば、ヤマザクラに近い、という印象を与える。

高橋秀男監修『樹木大図鑑』によると、オオシマザクラは「ブナ帯に本拠をおくカスミザクラの島しょ・海岸要素と考えられている」とある。しかし、葉質が厚ぼったく、鋸歯の先端が芒状に伸びることなど、カスミザクラに近いとは、私には思えない。

『牧野富太郎植物記・木の花』には、つぎのような記述がある。

「伊豆の大島にヤマザクラのたねが運ばれ（野鳥によって）、長い年月のあいだにオオシマザクラになったものと思われます。ヤマザクラは、潮風に吹かれ、強烈な太陽に照らされているうちに、次第に丈夫な木となり、性質も変わってきたものと思われます。」

オオシマザクラは、ヤマザクラが伊豆大島に閉じこめられてオオシマザクラに変身したもの、という牧野博士の考え方に、私は同調したい。

オオシマザクラのルーツ

ここで、オオシマザクラのルーツを考えてみる。北隆館『日本古生物図鑑（学生版）』によると、ヤマザクラの先祖（ムカシヤマザクラ）は、新第三紀中新世末期（九〇〇～五〇〇〇万年前）、日本列島の東北あたりに出現している。そのころは、伊豆七島は本土とつながっており、大きな半島（伊豆七島半島、仮称）を形成していた（湊正雄監修『日本列島のおいたち古地理図鑑』）。だから、先祖ヤマザクラは、そのころ、伊豆七島半島にも侵入していた、と考えても納得できる。

それから三〇〇万年ほど経過した新第三紀鮮新世（五〇〇～三〇〇万年前）になっても、日本列島は大きな変化はなく、伊豆七島は、あいかわらず本土とつながっている。鮮新世といえば、北海道の留辺蕊《るべしべ》で、オオヤマザクラの先祖と思われるサクラの化石が出土している。そのころ、すでに、日本列島の南北を、

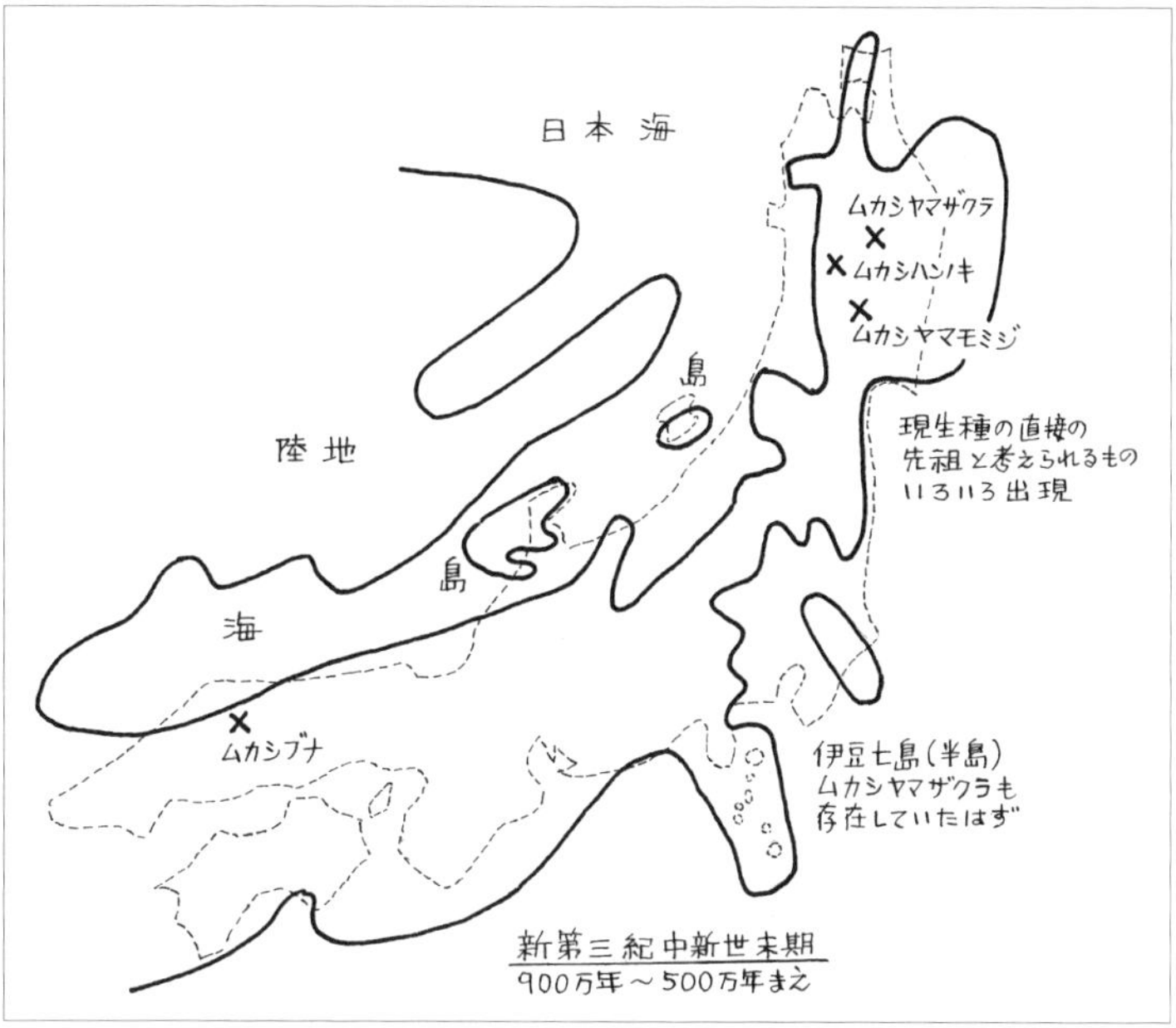

新第三紀中新世末期のころの大陸と日本列島、日本海と太平洋の様子。伊豆七島は、当時、本土とつながっていて、大きな半島を形成していた。このころ、ヤマザクラの祖先種（ムカシヤマザクラ）はすでに出現している。

ヤマザクラとオオヤマザクラがすみわけていたことがわかる。

　時代が下って、鮮新世から第四紀更新世（三〇〇〜二〇〇万年前）になると、日本列島に海進が進んだようで、瀬戸内海には大きな湖が、中部や東北地方には、湖沼群の集団があらわれ、伊豆七島は本土から切り離されて、島群になっている。

　伊豆七島が本土から分離するにおよんで、先祖ヤマザクラの一部が伊豆七島にとり残されることになる。そして、牧野博士が書いているように、

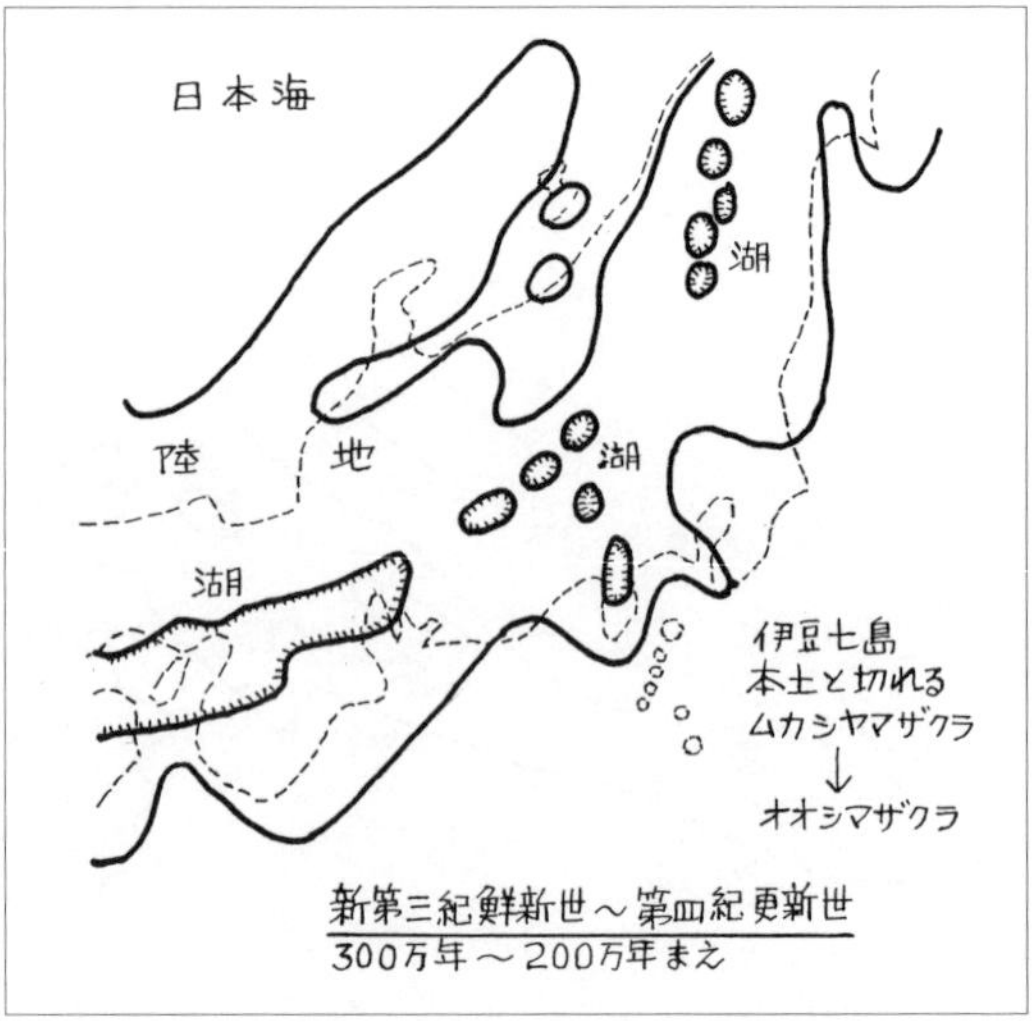

新第三紀鮮新世～第四紀更新世のころの日本列島の様子。伊豆七島が本土から切り離されて、オオシマザクラの先祖が、伊豆七島にとり残される。

海のなかの島、という環境に適応して、オオシマザクラに変身する。

オオシマザクラが伊豆七島にしか分布しないのは、それがもともと、西日本に広く分布するヤマザクラ一族の伊豆七島個体群で、それがのちに、オオシマザクラに変わっただけ、と解釈すれば納得できる。

長いあいだ、なんとなく、なぞめいたものを感じていたオオシマザクラだったが、ここにきて、ようやく、その存在が理解できるようになって、私も、一段落した気分になっている。それも、松島湾のヤマザクラのなぞ解きに挑戦した成果のひとつといえる。それにしても、樹のなぞ解きは楽しきかな。

3章　鳥海山麓・中島台のふしぎ
―あがりこブナと鳥海まりも―

（1）あがりこブナ物語

あがりこブナのなぞ　―台木仕立ての薪炭林―

もう六年か七年ほど前のこと、森林教室（NHK文化センター仙台）の受講生のひとりから、鳥海山麓・中島台の森に、奇妙な形のブナが一面に生えている、という話を聞いた。この人は庄内《しょうない》出身で、地元では「あがりこブナ」と呼んでいる、とのことだった。写真をみせてもらったら、幹の下のほうが、こぶ状にでっかく肥大しており、その上に数本の幹が株立ちしていた。おもしろそうなので、教室のみなさんと探訪に出かけた。

鳥海山のガイドブックをしらべてみた。この奇怪な形は、豪雪によるとか、北西からの強い海風によるとか、いろいろ説のあることを知った。しかし、現地であがりこブナと対面して、これは、伐り株から萌《ほう》芽《が》したものではないか、という印象を受けた。

ただ、株立ち部分が、地ぎわではなく、地上二メートルあたりだから、積雪期に伐採したものだろう、と単純に思った。しかし、なにか納得できないものを感じながら、山を降りた。

それから二年ほどたって、受講生のあいだに、あがりこブナをみたい、という希望が再燃してきた。私は私で、あがりこブナのなぞを、まだ、納得できないまま、胸のなかに抱えていた。もう一度、鳥海に行ってみよう。私も乗り気になった。今回（平成十三年九月）は、山形自動車道が全線開通していて、仙台からの日帰りの旅となった。

私は、バスのなかで、「あがりこ」の原因が、炭焼きのための伐採であり、あがりこは伐り株からの萌芽だろう、と説明した。しかし、ブナの炭焼きは、東北のどこでも行なわれていたのに、鳥海以外の地域では、あがりこブナはみられない。「あがりこ」には、多くのなぞがある。帰りのバスでは、そのなぞ解きの話ができることを、私自身、期待している、というようなことをしゃべった。

あがりこ大王

現地では、地元の観光協会のガイドさんがついた。まず、巨大なあがりこブナに案内された。「あがりこ

鳥海山麓・中島台に広がる「あがりこブナ」の森。地上２メートルあたりから株立ち状になった、ふしぎな樹幹は、どんななぞを秘めているのだろうか（写真撮影：曽根田和子）。

大王」という名がついていた。その手前には、直径五メートルぐらいの、炭焼き窯《がま》の跡が保存されていた。このような炭焼き跡は、森のあちこちにあるという。「あがりこ」が炭焼きと関係のあることは、はっきりしてきた。

ガイドさんは説明した。「こぶの上に立つ幹は数本あるが、杣人《そまびと》は、細いものは残して、太いものから順番に伐っていたようだ」と。

緑葉のついた幹が残っておれば、根は死なない。葉で生産された栄養が根にも送られてくるからだ。あがりこ仕立ては、木を枯らさない伐採法だ。ガイドさんの説明を聞いて、そう気づいた。

ガイドさんは、元営林署員で、この森のことをよく知っていた。こぶ状の台は、幹が雪圧でねじ曲げられて、できたものだ、という。かれは、別の、ある「あがりこ」の木の前に立ち止まって、言った。「私はこの木に『燭台《しょくだい》』という名をつけました」と。自分が名づけたことに、少々照れていた。しかし、この『燭台』という言葉は、私に、ひとつのひらめきを与えてくれた。『燭台』の木は、こぶが台状になって、左右に広がっている。「あがりこブナ」は「北山台杉」とおなじではないか！　ガイドさんが、元営林署員だったおかげで、あがりこブナの真相にかなり接近できた。

北山台杉は、室町時代、京都の北山で開発された「一樹多幹法」という生産技術である。スギの幹基部を台に仕立てて、その上で、多数の幹を育てる。北山台杉は、床柱という「細丸太」を生産するための技術なのである。（4章参照）

あがりこブナは、炭材を採るための伐採法である。炭材は、太い丸太を割材して使うこともできるが、細丸太のほうが良質の炭が得られる。あがりこ仕立ても、北山台杉とおなじように、細丸太を生産する技術だった。私は、こう考えた。

栗駒山のブナ林　―実生更新―

「あがりこブナ」のなぞは、すっかり解けたわけではない。東北のブナ林での炭材生産は、一般的にはブナの二次林形成を基本としている。二次林形成は実生更新《みしょうこうしん》による。これは、雑木林の樹（コナラ、クヌ

「あがりこ大王」　中島台の森のなかでは、もっとも巨大なあがりこブナで、幹基部の広がりは2メートルぐらいあった（写真撮影：曽根田和子）。

ギ、ヤマザクラなど）とちがって、ブナという樹が伐り株からの萌芽更新がへたな樹だからである。ここで、ブナの「あがりこ仕立て」の意味をよりよく理解するために、東北のブナの森でみられる二次林形成の仕方を考えてみよう。

（注）斧の入らない自然の森は原生林、自然あるいは人為で破壊された跡に、再生してきた自然林（原生林にいたらないもの）を二次林という。

平成十一年秋、私は、森林文化協会の企画で、栗駒山麓を、世界谷地《やち》から湯浜《ゆばま》温泉まで、トレッキング・ガイドをしたことがある。行程は約一五キロ、多少、上り下りはあるが、標高八〇〇メートルあたりを、水平に歩いていく。途中、沢渡りが二か所あって、都会育ちの人にはこわい経験だったかもしれない。全コースがブナの森のなかをゆく。

私はいつも、ガイドが終わると、報告書を書くことにしている。現地での説明の確認と訂正、および、ガイドしながら気づいたことを、文章にまとめて参加者に送る。この作業で、私のガイドは終了する。

報告書には、つぎのようなブナ更新の話を書いた。

栗駒山のブナの森は、稚苗《ちびょう》・幼木から壮・老齢木まで、すべての世代の木がそろっており、ひじょうに健全な社会構成になっている。原因は、ブナの実生更新がスムーズにいっているからである。ではなぜ、栗駒山のブナの森では、実生更新が良好なのだろうか。原因は、ササの勢力がよわいからではないか、と私は考えている。

栗駒山のササの種類は、標高一〇〇〇メートル以下ではクマイザサ（チマキザサ）が主流、それより高いところでは、チシマザサが主流となる。栗駒山でブナの大径高木がそろっているのは、傾斜のゆるやかな、標高七〇〇〜八〇〇メートルあたりの森で、林床のササはクマイザサである。

クマイザサは、チシマザサにくらべると、比較的おとなしいササのようにみえる。このことは、栗駒山のブナ自身も気づいていないかもしれないが、ブナにとっては、おおいに幸運なことなのである。現在、日本海側のブナ天然林では、林床にチシマザサが繁茂し、それがブナの実生更新を妨げている。

栗駒山のブナ林では、ササ群落の発達がよわい。その理由として、私は、つぎの二つのことを考えてい

ブナの二次林（宮城県鳴子町・花渕山）　二次林は、一度伐り払われた森が再生してできた自然林。この森が、ブナの樹が中心になっているのは、伐採跡にブナが一面に実生し、成長してきたためと考えられる。

る。

(1) 二次林の発達がよい

今回、栗駒山の長いトレッキング・コースを歩いていて、途中ところどころで、きれいに密生する、若いブナの二次林に出会って、ハッと気づいた。これだ。ササ群落の発達を抑えているのは、ブナの若木集団の密生だ。田沢湖周辺でも、八甲田山麓でも、ブナの更新がうまくいってるところには、あちこちに、密生する二次林が存在する。

奥羽山系にみられるブナの二次林は、炭焼きと関係している。炭焼きさんは、ブナの森を伐採するとき、一ヘクタールに二、三本の、実なりのよいブナの老木を母樹として残している。そして、炭を焼くとき、仕事をしやすいように林床のササを刈る。このような作業のおかげで、ブナは、ほかの広葉樹とともに、伐採跡地に一面に実生してくる。それが、密生するブナの二次林となって、ササの侵入を抑える。

(2) 多様な落葉広葉樹群 —ブナ林更新の露はらい—

もうひとつは、多種類の落葉広葉樹が存在することである。今回のトレッキング・コースでも、ところどころで、ブナの老大木の枯死をみた。枯れた老木の上には、ぽっかりと青空が広がっている。枯れた老木のまわりは、空から明るい光がさしこんできて、樹々の実生を促している。

どんな若木が生えているか、しらべてみた。ミズナラ、ウワミズザクラ、コシアブラ、ベニヤマザクラ、マルバカエデ、ウリハダカエデ、ミズキ、リョウブ、アオハダ、クロモジ、マンサク、オオカメノキ……。

これらの落葉広葉樹は多くが陽樹である。ブナの老木が枯れた跡地は、いったん、陽樹の林分《りんぶん》ができる。陽樹の若木はブナより成長が速い。陽樹が速く林分を形成してくれることは、ブナにとってはありがたいことだ。なぜなら、うかうかしていると、ササが侵入してきて、ブナの更新をじゃまするおそれがあるからだ。陽樹が、速く成長して、速《すみ》やかに林床を緑化してしまえば、ササの侵入は防げるのである。

このように、枯れた老木の跡地は、いったん、さまざまな樹種からなる落葉広葉樹の林となるが、陽樹はブナより短命だから、いずれは、下から成長してくるブナにとって替わられ、最終的には、ブナの森に変わっていくことになる。

枯れた老木の下には、また、低木性の常緑樹―アオキ、イヌツゲ、イヌガヤ、ミヤマシキミ、モチノキ、ユズリハなど―も生えている。これらは陰樹で、ブナの老木が生きていたころから、すでに、その傘の下に生えていたものだ。これらの陰樹は、最終的にブナの森になっても、低木層で群落を維持しつづける。低木性の常緑樹の存在も、ササの侵入を防止するうえで、おおいに貢献している。

あがりこブナに京文化をみた

日本海側の、豪雪地帯のブナの森では、陽性の落葉広葉樹が少ない。これらは、耐雪性がないから脱落していくのである。だから、ブナの森のギャップを再生させる主役は、ブナ自身となる。しかしブナは、五～六年に一度しか豊作にならない。さらに、実生したとしても、苗の成長は遅々としている。そこに、ササにつけこまれる余地がある。

しかも、日本海側のササはチシマザサである。このササは、根曲がり竹といわれるほど、雪にはめっぽうつよい。背丈も高く、いったん定着すると、それを克服するのは容易ではない。ブナもお手上げのようにみえる。豪雪地帯のブナ林は、世代交替がうまくいかず、悩んでいる。

ここで、話はまた、あがりこブナにもどる。

鳥海山麓には、あがりこ仕立てのブナ林が存在する。理由は、豪雪地帯ではブナの実生更新がむずかしいからではないか。実生による二次林形成がうまくいかなければ、炭生産に必要な細丸太も得られない。そんな、豪雪地帯での炭生産の困難さを解決する方法として、「台木仕立てのブナ二次林」が考案されたのではないか。それに成功したのが、鳥海山麓のあがりこブナの森ではないか。

あがりこブナと北山台杉はよく似ているが、異なるところが一か所ある。北山台杉の台は人が仕立てたものだが、あがりこブナの台は豪雪が造りあげたものである。

来るとき、バスのなかでしゃべった「なぞ」が、かなり解けてきた。しかし、まだ、わからないことがある。ブナの幹をへし曲げるような豪雪は、青森から北陸にかけて、広く存在する。しかし、あがりこブナは鳥海山麓にしかみられない。なぜだ?

帰りのバスのなかで、私は、そのなぞの解釈に苦しんでいた。バスは、酒田市の市街を通りぬけて大きな川を渡った。「最上川」という標識が立っていた。

そうか。北山台杉の技術が、北前船に乗って、庄内に入ってきたのではないか。むかし、最上川ぞいは紅花《べにばな》の産地で、それを買いつけに、京・大坂（大阪）の商人が、庄内に頻繁に出入りしている。いまでも、庄内には、京・大坂の、さまざまな文化が色濃く残っている。

しかし、北山台杉の技術を庄内にもちこんだのは、京都の人とは考えにくい。京都の人は、根曲がりブナの存在を知らないからだ。その技術を庄内にもちこんだのは、なにかの仕事で京都に行った、鳥海の杣人ではないのか。あがりこブナが鳥海以外でみられないのは、そのためではないだろうか。

私は、「あがりこブナ」のなぞを、このように解釈した。そして、帰りのバスのなかで、あがりこブナに京の文化がみえる、という話をした。ついでに、庄内に美人が多いのは、京美人が北前船に乗って、庄内の長者に嫁いできているのではないか、という話までつけ加えてしまった。

(2) 鳥海まりも物語

「鳥海まりも」は珍種のコケ類 ―川のなかの高山植物―

鳥海山麓・中島台のブナの森を歩いて、「あがりこブナ」のほかに、この森はすごい「もの」をもっていることを知った。それは、「鳥海まりも」と呼ばれているコケ類である。この森には、何か所かに大きな泉があった。現地では、泉は「出つぼ」と呼ばれている。泉から湧き出る水の豊かさと透明さには感動した。水は、湿原を形成し、小川となって流れていく。川は緑色に輝いていた。その色は、この森に秘められている神秘を物語る色だった。

緑色は、川底に貼りついていたコケの色だった。さらに、川のところどころで、球形をした緑の塊が流れにゆれていた。それは「鳥海まりも」と呼ばれているものだった。

ガイドさんの説明によると、「鳥海まりも」は、ハンデルソロイゴケ、ヒラウロコゴケ、ヤマトヤハズゴケなど、多種類のコケ類の集合体であるという。私は最初、まりも、というから、北海道・阿寒湖や富士・河口湖のまりもを連想していたのであるが、阿寒湖や河口湖のまりもは藻類であるのに、鳥海まりもはコケ類であった。

ガイドブックをしらべてみると、ヒラウロコゴケは鳥海山でしか発見されておらず、ハンデルソロイゴケは八ケ岳と鳥海山にだけみつかっており、ヤマトヤハズゴケは立山と鳥海山だけでしか報告がない、という。いずれも、たいへん珍しい、希少な種類のコケだそうだ。

「鳥海まりも」は、特殊な場所にしか生息しない、希少コケ群で構成されていた。これらのコケは、おそらく原始的なコケ類ではないか、と思う（私には、詳しいことはわからないが）。それは、希少な高山植物にも似ている。しかし、中島台湿原（現地では獅子ケ鼻湿原と呼ばれている）を構成するコケ類は数十種にものぼるという。希少種も多いが、ごくふつうの種も、湿原形成に関与しているらしい。

多種類のコケが共存していけるのは、この湿原には多様なニッチ（コケの生息環境）が存在することを示している。そのなかで、ほかではみられないような、希少なコケが生存しているのは、ほかではみられないような、特殊な環境が確保されていることを示している。では、その特殊環境とは、どんなものなのか。

中島台湿原のユニークさ　―溶岩流の裾野に形成された泉と小川―

中島台湿原のユニークさは、具体的にいうと、「川が緑色に染まるような、苔《こけ》むす川」の存在である。苔むす岩、苔むす木、という表現はよく使われるが、「苔むす川」は日本列島広しといえども、私は、見たことも、聞いたこともない。これは、なにを意味するのだろうか。私は、ガイドさんからもらった中島台湿原の地形図をみながら、そのなぞ解きに挑戦してみた。

川底が緑色に染まるほど苔むすには、つぎの二つの条件が考えられる。

(1)　川の水量が一定であること

川の流れに浸かった岩や石が苔むしているのは、川が安定していることの証拠である。大雨で動くような岩や石にはコケがつかない。中島台湿原の川が苔むしている、ということは、湿原を流れる小川が安定していることを示している。では、なぜ、安定しているのだろうか。

案内地図をみると、中島台湿原は、岩股《いわまた》川の源流域に広がっている。北に赤川、南に鳥越川が平行して流れているが、それらの川は、中島台湿原に入ることはない。中島台湿原は、二つの川の分水尾根でかこまれていて、ほかの水系から隔離されている。

岩股川の水源は二か所ある。ひとつは、湿原にある二つの泉（出つぼ）で、それらは、山裾から湧き出ている。湧き出る水は、じつに豊かで、澄んでいる。もうひとつの水源は、湿原より少し上流にあり、滝となって湧き出ている。これは、「湧水の滝」と呼ばれている。これらの出つぼと滝は、鳥海山・新山溶岩流の末端から湧き出している。中島台湿原は、新山溶岩流の末端に形成された湿原だったのである。

岩股川の水は、鳥海山に降った雨が、溶岩大地に吸収され、そのなかを通過し、濾過され、きれいな水となって、泉から湧き出たものだった。地下を流れる水は、山の斜面の表面を流れる雨水にくらべると、水量がよくコントロールされている。また、溶岩流の斜面はブナの森になっており、このブナの森の貯水・浄化力も、地下水のコントロールに大きく貢献している、と思う。

一般的に、火山溶岩土壌は、つよい酸性で、植生は針葉樹林となる（桜島：クロマツ、富士青木ケ原：ヒノキ・ツガ、十勝岳：アカエゾマツ）。しかし、ふしぎなことに、鳥海山麓中島台の溶岩流の上は、ブナ林が成立している。そして、針葉樹林にくらべると、ブナ林は、はるかに、水をコントロールする能力に優れているのである。

中島台湿原の川の水量が安定している、もうひとつの理由は、鳥海山の万年雪にあるのではないか。私はそうみている。だから、いくら晴天がつづいても、山はいつも、雪解け水で潤っているのである。

(2) 川底が岩質で、浅いこと

岩股川の水が、きれいで、安定していても、川底が深ければ、コケはすめない。川底でコケが生きていくためには、底が岩盤でコケが付着しやすいこと、そして、水深が浅く、水が澄んでいて、光をよく通す

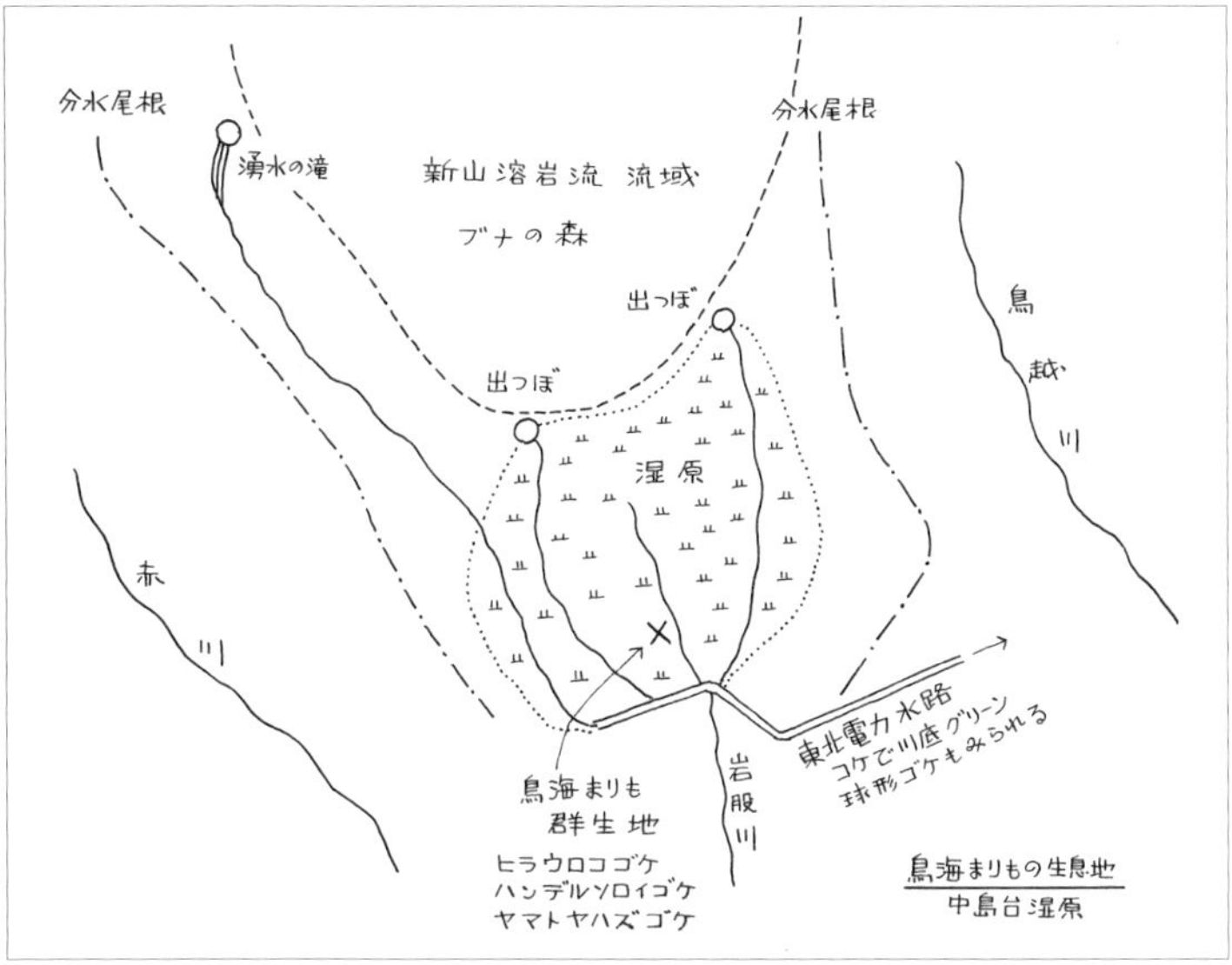

鳥海山麓・中島台は「鳥海まりも」で緑に苔むす川と湿原をかこむ地形。
ここに珍種の「まりも」が息づいている秘密はなんだろう。

こと、が必要条件となる。

中島台湿原の大地は、火山溶岩で構成されていて、泉から湧き出た水は、岩盤の上を流れていく。だから、川の水深は浅い。また、湿原といっても、大地に傾斜があり、水はよどむことはない。それが、汚れなき水を好む、潔癖性のコケ類を呼んだのである。

その潔癖な水環境が、ふつうの川水になれている多くの一般コケ類を寄せつけず、原始的な、希少価値の高いコケ群の「すみか」を守ってきた、といえる。高山のきびしい環境が、一般の植物を寄せつけず、特殊な高山植物を守ってきたのと似ている。鳥海の「まりもゴケ」は、川のなかの高山植物といえる。

鳥海山麓・中島台の湿原は、ほかでは

類をみない、ユニークな存在であることを、「まりもゴケ」が語っている。そしてその中島台湿原のユニーク性は、日本海からやってくる豪雪と、その豪雪を万年雪としてたくわえる鳥海山という火山が、共同作業でつくりあげたもの、といえる。

4章　北山台杉と台場クヌギ

——京の文化と大坂の技術——

(1) 北山台杉物語　——床柱生産技術——

『古都』への旅

川端康成は、『古都』という小説のなかで、北山杉の里を背景にして、双子の姉妹の物語を書いている。双子でありながら、それぞれ別々の環境で育てられていった姉妹が、再会をきっかけに、物語は大きく展開していくのだが、それがどんな結末だったのか、どうも記憶が定かでない。

そんなことを考えていたら、またまた、北山杉の里を訪ねてみたくなった。時は昭和五十九年の晩秋、

北山台杉の森　急峻な谷の斜面に、きれいに枝打ちされたスギの木立が並び、山肌は濃い緑で覆われている。

カメラを肩に、ひとりぶらりと京都へ出かけた。高雄の先の栂尾《とがのお》でバスを降り、谷間の国道を、中川のほうへ歩きはじめた。やがて、山肌はスギの濃い緑で塗りつぶされていく。きれいに枝打ちされたスギ林が歓迎してくれる。写真になりそうな林相を求めて、キョロキョロしながら、山里の風景を楽しんでいた。

ところが、それがはなはだ危険な行為であることを、まもなく知った。谷が急峻であるためか、道路があちこちで崩壊していて、工事用のダンプカーがせまい道を疾走してくるのである。それに、たまたま土曜日であったから、観光ドライブのマイカーもひっきりなしであった。北山杉の谷は、のんびり歩きながら鑑賞できる場所ではなかった。それにしても、この山道の荒れようは、どうしたことだ。

台杉仕立ては山を破壊しない

北山杉の起源は、台杉仕立てに始まる。台杉仕立てというのは、幹の基部を台木として残し、台の上で多数の細い幹を育てる技術である。台上の幹は次つぎに伐採していくが、台木部分を伐ることはない。古い台杉の台木は、樹齢二〇〇年を超えるものも少なくないという。大きな台木の上には、数十本もの幹が立つ。

台杉仕立ては、台木を伐ることなく、細丸太を生産する、北山独特の林業技術であるが、このやり方には、ひとつの重要な利点がかくされている。それは、台上の幹は、太くなったものから順に伐り、細い幹（緑葉をつけている）は残しておくから、根株は枯死することはない。緑葉で生産された養分が根にも送られてくるからである。根は生きているから、土石をしっかり把握している。だから、林地を崩壊させることはない。しかも、強度の枝打ちをするやり方だから、林内には光が十分に入る。林床には草や灌木が生えて、土は露出しない。そのことも、土を押さえる働きをする。

ところが最近は、手のこんだ、むずかしい台杉仕立ては敬遠され、みんな、一代かぎりの北山杉造林に変わってしまった。つまり、強度の枝打ちはするが、伐期がくると、幹を根元から伐ってしまって、その跡地に、また新しく苗を植えるという、ふつうのスギ造林法になってしまったのである。

スギは伐り株から萌芽する力がない。林を皆伐すると、根株は枯死し、土壌菌によって徐々に分解されていく。伐採跡地に苗を新植したとしても、すぐには根を張らない。苗が根を張って土を把握するようになるには、一〇年以上はかかる。スギ林の伐採跡地が、もっとも崩壊しやすくなるのは、伐根《ばっこん》が分解されて土の把握力を失い、一方、新植苗はまだ根が十分に張っていないとき、つまり、伐採・新植後一〇年ぐらいたったころである、という。

北山杉の山がなんとなく荒れた感じがするのは、一代かぎりの造林法に原因があるのではないか。そう

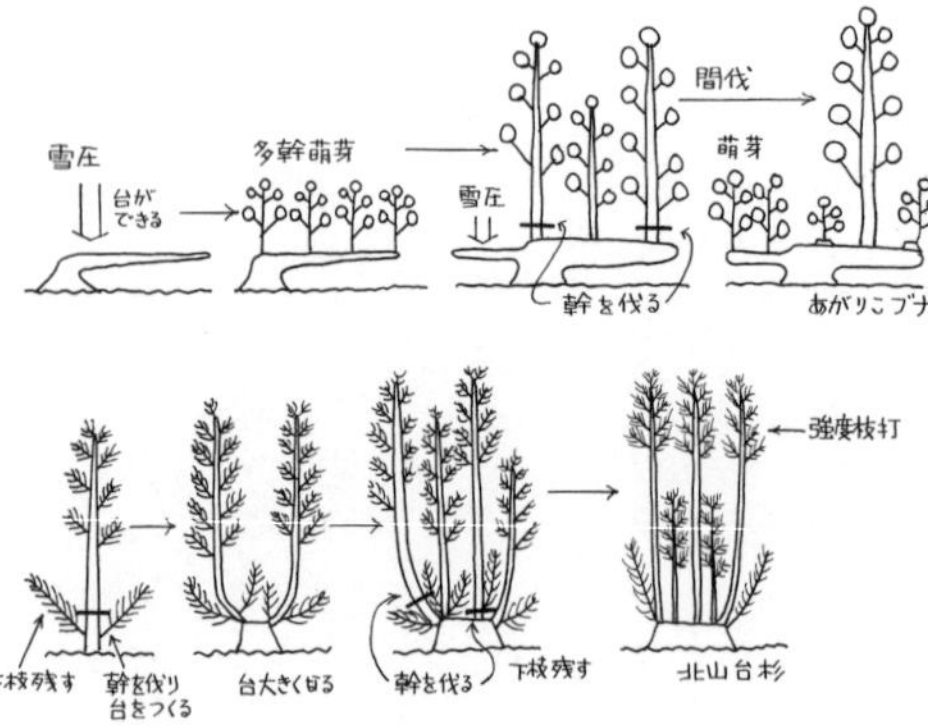

「あがりこブナ」と北山台杉の仕立て方の比較　スギは伐り株からの萌芽力がよわいが、下枝を残してそれを育て、根株を元気に保つことで、継続的に丸太を生産しようという作戦であり、同時に、山を崩壊させないための作戦かもしれない。

気づいてみれば、逆に、台杉仕立ては、山を崩壊させないための、林業技術だったのではないか、と思えてくる。私はいままで、台杉仕立ては、細丸太を生産するための技術、としかみていなかったのだが、北山杉の谷の荒れた姿をみて、はじめて、台杉仕立ての、別の意味がわかったような気がした。

そんなことを考えながら国道を歩く。ひととき、車の往来がとだえ、あたりに静寂がもどってきた。ホッとしていると、近くでコツコツ、コツコツと幹をたたく音がする。

キツツキか？　音のする方向へ目をやると、一人の若者がスギの木のてっぺん近くにとりついて、仕事をしていた。軽やかに鉈《なた》をふり、コツコツと枝を払っていく。そのたびに細いスギの幹はゆらゆらとしなう。払った枝の跡が、黒っぽい幹肌に、さわやかな明褐色の斑紋を描いていく。ご苦労さん。

さらに歩を進めると、中川の集落についた。どこの家でも、女たちがスギ丸太の白い木肌を、いっそう白く、つややかにするために、寒気のなかで手を赤く染めながら、丹念に磨いていた。

茶の湯と磨き丸太

日本人が客室に床の間をつくり、掛け軸をかけ、生け花を飾り、お茶をいれて客をもてなす習慣ができたのは、いつごろからだろうか。お茶は、室町時代、すでに僧侶や貴族・武家階級で流行していたらしい。これを一般大衆に普及させたのは、千利休だという。そのころから、茶室の床柱に北山杉の磨き丸太が使用されるようになる。

磨き丸太は、樹皮を剥いだのち、木質部を清滝川でとれる京道砂で磨きあげたものである。その上品な色つやと肌ざわりが、茶人の嗜好に合致し、茶室の床柱に欠かせない存在になっていく。

北山杉の磨き丸太には、洗練された都の匂いがある。高貴な文化へのあこがれを感じる。しかし、それが、どうして茶室になくてはならないものなのか。私は、茶の心については、まったく知識をもたない無骨者だが、茶には、なにか、東洋的な「わび・さび」があるように思う。それは、究極的には、自然に帰依《きえ》する心ではないだろうか。それが、どうして、北山杉の磨き丸太を必要とするのだろうか。

茶の心とは、いったいなんだろう。だんだんわからなくなってきた。なにげなく、本棚にあった「日本史史料集成」という高校教科書をパラパラめくっていて、つぎのような記述を見つけた。

「茶の湯の道は村田珠光にはじまり千利休によって大成された。利休は織田信長と豊臣秀吉に仕え、天下一の茶人となり、侘び茶を創り出している。その精神は、道具や形式を第二義的なものとし、茶道が仏教とくに禅と深い関係にあることを説いている。」

やっぱりそうか。それなら、茶室の床柱は、むしろ曲がったアカマツの、皮つき丸太のほうがふさわしくないだろうか。

ところがその一方で、利休の侘び茶とはちがった秀吉流の茶があった。秀吉は、天正十五年(一五八七年)十月一日、京都・北野の森で、大茶会を催している。その茶会は、天下の名器を披露し、一般に鑑賞させるというものであった。それは、利休の侘び茶とは対照的な、栄華を誇示するための、単なる儀式であった。

女房にきいてみたら、現代でも、お茶の席では、お茶をいただいたあと、その器を鑑賞し、上手にほめるのが心得だという。器をみる目がなければ恥をかく、というわけである。なんだ、現代の茶の湯も秀吉流なのか。私は、いささかガッカリしたが、これが人間のいつわらざる姿かもしれない。

京都・北山で撮ってきた写真ができ上がってきた。きれいに枝打ちされて、整然と並ぶ北山杉の写真をながめていた。反自然的な、不安定な樹形のなかに、なにか、人の心を刺激する、ふしぎな美を感じる。この感覚は、いったい、なんなのか。こんな疑問を反芻しながら、北山杉の写真を眺めていると、そこに、茶の心を求めながら、自然に帰依できない人間の業と煩悩が垣間《かいま》みえてくるように思われた。(本文は『木と森の山旅』よりの抜粋と一部書きなおしたもの。)

（2）台場クヌギ物語　―高級炭材生産技術―

台場クヌギの存在

平成十三年十月、私は、A・トラベル（株）の企画で、栗駒山麓のブナの森をガイドしていた。参加者は、関東から西の人が多く、そのなかに関西人のグループもいた。私は夜のミーティングで、鳥海山麓の「あがりこブナ」の話をした。そのとき、関西の人から、「あがりこブナ」の話は、大阪北部の能勢《のせ》あたりでみられる「台場クヌギ」によく似ている、という反応があった。私は初めて、「台場クヌギ」の存在を知った。

台場クヌギとは、クヌギの幹基部が大きな台状になっていて、台の上に細い幹が何本も株立ちしているものである。台の高さは地上二メートルぐらいあるという。台場クヌギの存在は私の興味を刺激した。それが、鳥海山麓の「あがりこブナ」の仕立て方に似ていたからである。あがりこブナの仕立て方は、北山台杉のそれによく似ているのだが、ブナ以外の広葉樹でも、そんな生産技術があるのかどうか、私は前まえから、関心をもっていたのである。

台場クヌギの生産技術　―ある情報―

台場クヌギの存在を知って、しばらくして、まことにタイミングがよいというか、「林業技術」（平成十三年十二月号）という雑誌に、「株仕立てのクヌギ母樹」（筒井迪夫）という一文が載った。その記事によると、台場クヌギは薪炭用《しんたんよう》の原木を採るための生産技術で、大阪の近郊でみられるという。それは、一本の台木から、長期間にわたり、何回も、継続的に炭材を採るもので、伐るのは二〇年に一回くらい、古い台木は樹齢二〇〇年にもなる、という。

一般的には、薪炭用の雑木林は、木を根元から伐採して、伐り株から新枝を萌芽させる方法がとられている。伐採は、一五〜二〇年に一回である。雑木林は、コナラ、クヌギ、クリ、シデ類、ヤマザクラなどの樹種で構成されているが、これは、何回も伐採・萌芽をくり返しているうちに、萌芽力のない樹種は淘汰され、萌芽力のつよい樹種が残ってきた結果である。

そんな、根元伐採法による薪炭材生産林（雑木林）がすでに存在しているのに、なんのために、台場クヌギのような、高伐り・台木仕立て法がとられるようになったのだろうか。筒井さんは、その利点として、

① 高さが二メートルほどなので、台の上に育った原木を伐る作業が容易で安全、
② 台が高いので、台の上に育ったクヌギの若木を動物の食害から防げる、
③ 高品質の母樹を長期に利用できる、
④ 優れた母樹が窯場近くに育てられ、原木調達が容易、

など、四点をあげている。

また、この技術が大阪周辺で発達したのは、「大消費地に近接する地方で、菊炭のような、品質のよい炭を、容易に作り、早く市場に出荷するのに、よくマッチしているからだ」とも述べている。

では、このような台場クヌギ仕立ては、どのようにして考案されたのだろうか。筒井さんは、北山台杉の仕立て方を模倣したのではないか、と推測している。私も、そう思う。私がそう思う理由は、台場クヌギ仕立てが「細丸太」生産技術だからである。

ポラード　―台場クヌギに似た高伐り仕立て技術―

台場クヌギは日本独特の林業技術か、と思っていたが、文献をしらべてみると、台場クヌギによく似た高伐り・台木仕立てが、ヨーロッパにも存在することがわかった。

英語の本『雑木林の生態と管理』(Ecology and management of coppice woodlands) によると、イギリスでは、雑木林の形態のひとつにポラード (pollard) というものがあり、それは、木を地上二～三メートルのところでカットして、その上に新枝を萌芽させるやり方で、新枝をウシやシカなどの食害から守るために考案された、とある。

このポラードは、もともと、混牧林《こんぼくりん》(wood-pasture 林内放牧と林業の共用) を構成するひとつの要素として仕立てられ、むかしは広く行なわれていた林型らしい。しかし現在は、そういう利用形態でのポラー

混牧林　アカマツの樹林下で野草を食べる黒毛和牛。混牧林では、動物たちは下草を食べるが、木の葉や若い枝も食べてしまうので、樹木にも被害が出る。

ドは少なくなったという。最近は、野鳥や昆虫の繁殖場所として、つまり、自然保護的な観点から、農場や人家周辺の垣根林をポラード型にしているケースもあるらしい。

　ともかく、ポラード（高伐り仕立て）の始まりは、ウシやシカの食害を避ける目的で考案されたものらしい。イギリスには、野生のシカが数多く生息しており、シカは狩猟の対象として保護されていた。だから、林業はシカと共存する必要があった。牧場もまた、野生のシカの餌場になっていたのである。

　では、ヨーロッパのポラードと日本の台場クヌギに、どんな関係があるのだろうか。いまのところ、私には判断できる資料がない。目のとどかないところで、両者がつながっている可能性はあるし、両者がそれぞれ独立的に発生した、と考えられないこともない。人種が異なっても、人間の考えることは、そんなに異なるものではないからである。

ヨーロッパの低木林仕立て　―コピス―

ヨーロッパでは、われわれが雑木林と呼ぶ林型（根元伐採・萌芽更新仕立て）を、低木林仕立て（コピス coppice）と呼んでいる。コピスは、古代ローマ時代からすでに存在していたらしい。では、どんな利用目的で、コピスが管理されてきたのだろうか。

前述の英書によると、イギリスのコピスは、クリ、オーク（ナラ）、シデ、ハシバミ、トネリコ、シナノキ、カジカエデなどで構成されている。それらの樹種の利用目的は左記のようなものであった。

クリ　　：垣根用の棒柱、ホップ栽培柱、
オーク　：垣根用の棒柱、樹皮からタンニン、
トネリコ：鎌や道具類の柄、ろくろで作る木工材、
ハシバミ：屋根ふき用の桁《けた》丸太、豆栽培棒、
シナノキ：ろくろで作る木工材、
カジカエデ：ろくろで作る木工材、
シデ　　：燃料。

つまり、コピスは、木を大径高木にはせず、手ごろな太さと高さで伐採利用するという仕立て方なのである。これは、日本の東北地方の、むかしからの、雑木林の利用法とよく似ている。ただ、異なるところがひとつある。

日本では、雑木林の利用目的は、大部分が炭生産（とくにクヌギ・コナラ）にあるが、前述の英書には、炭生産の話は出てこない。私は、かつて北海道で、薪ストーブで生活する、という経験をしたが、ストーブと薪と、たね火用のシラカンバの樹皮があれば、なんでも間に合ってしまう。炭を必要と思ったことがない。ヨーロッパでは暖炉が発達しているから、暖炉と薪があれば、こと欠かない、と思う。

オーク（ナラ）は、建築・家具材として最重要樹種で、この場合は大径木が必要だから、「高木林仕立て」で育てられる。一方、クリは、たとえば牧場のフェンス用として、もっとも重要な材料で、これは「低木林仕立て」で育てられる。クリ材は腐りにくく、フェンスに適していることは、日本でも変わりない。イギリスでは、かつては、コピスの中心樹種はクリであったが、いまから百年ほど前、日本から侵入した「クリの胴枯れ病」で壊滅状態となり、その後は、コピスの形態も変わってしまったらしい。

台場クヌギのなぞ　―生まれた理由―

台場クヌギには、前述のように、いろいろ利点のあることはわかった。しかし、私が台場クヌギにつよい興味を感じたのは、その技術が生まれるにいたった動機や理由である。それが考案されるにいたった必然性である。それがなんなのか、考えてみた。

地ぎわから株立ちする雑木林の木々　これは、根元から伐採し、萌芽更新によって古い根株の上に新しい幹を育てる方法であり、ヨーロッパではコピス（低木林仕立て）と呼ばれている。

(1) 動物害回避作戦

台場クヌギの利点のひとつに、動物からの食害回避があげられている。これは、イギリスで生まれたポラードが、ウシやシカの食害を回避する目的で考案されたものだから、日本の台場クヌギもそうだろう、という文献依存的な発想ではないか、と思う。ほんとうに、そうだろうか。

日本人は、縄文のむかしから、シカを重要な食料として利用している。縄文時代、日本の里山には、シカの生息密度はかなり高かったらしい。しかし、弥生時代以後、農業が食料生産の中心になると、農作物に被害を与えるシカは、農民に嫌われ、駆除されるようになり、里山からシカは激減する。シカは奥山に逃げ、ほそぼそと生きていたらしい。この状況は、比較的最近までつづいていた。

シカの生息密度が増加し、里山にも姿をみせるようになったのは、戦後、自然保護思想が日本人のあいだに定着して以後のことである。台場クヌギが始まったであろうころ、少なくとも、いまから二〇〇年前より以前、すなわち江戸時代かそれ以前のころ、日本の里山には、シカは農林業に脅威を与えるほど、生息密度は高くはなかったと思う。

この状況は、イギリスとは、おおいに異なる。イギリスは、狩猟（そのためにシカを保護する）や牧畜のさかんな国で、ウシやシカの食害が林業にとって大きな障害になっていた。だから、高伐り法が生まれる必然性があったのだが、日本では、シカの食害を避けるための高伐り法が必要だったのか、疑問が残る。

(2) 高級炭の原木生産 ―細丸太生産技術―

筒井さんは、台場クヌギの利点として四点をあげているが、そのなかで、私をもっとも納得させたのは、菊炭のような高級炭のための原木生産技術、という点である。もともと、クヌギは炭材として優れた性質をもっている。そのなかでも、太さのそろった、比較的細い炭が、京・大坂の上流家庭や料亭で好まれたのではないか、と思う。クヌギの黒炭は、茶室で使われていた、という記録がある。

太さのそろった、比較的細い炭を生産するためには、太さのそろった、比較的細いクヌギの幹が常時生産されていなければならない。おそらく、台場クヌギ仕立ては、台上に株立ちする幹を一度に皆伐してしまうのではなく、規格に適合した太さになったものから、順次、伐採していたのではないか、と思う。つまり、高伐り台木仕立ては、「細丸太」生産の技術といえる。この、細丸太生産技術の原点は北山台杉にある。私は、台場クヌギの手本は北山台杉にある、とみているのだが、それはどちらも、規格のそろった

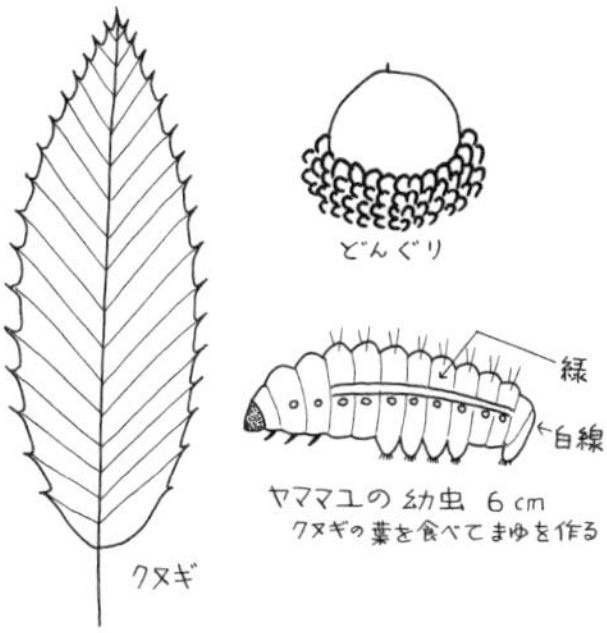

クヌギは古い時代に中国から日本に入ってきたと考えられ、最近まで、西日本を中心に、各地で植林が続けられていた。材は薪炭用となり、どんぐりは食用、葉はヤママユの飼育に好適な、有用樹である。

「細丸太」生産の技術だからである。

(3) なぜクヌギなのか

台場クヌギの、もうひとつのなぞは、なぜ、コナラやクリではなく、クヌギなのか、という疑問である。

炭の原木は、一般的には自然の雑木林で生産されている。そんな雑木林では、菊炭のような、高級炭用の原木は生産できないのだろうか。自然の雑木林は、コナラ、クリ、ヤマザクラ類、シデ類、ウワミズザクラ、リョウブ、エゴノキ、など、さまざまな樹種で構成されている。

そして、伐採方法はふつう、地ぎわからの全木伐採となる。結果、炭となる原木には、さまざまな樹種が混じるし、丸太の太さもまちまちとなる。これでは、品質のそろった良質の炭は得られない。

クヌギは日本には自生しない樹である。もともとは、中国中・南部の、標高一〇〇〇メートル以下の低山に分布している。その樹が万葉集にも出てくる。古代奈良時代には、もう、日本に入っていたらしい。そして、最近にいたるまで、西日本を中心に、各地で植林がつづけられてきた。

クヌギは、材は薪炭用に優れているし、どんぐりは生でも食べられる。葉は天蚕（ヤママユ、繭から丈夫な糸が採れる）の飼育に好適である。このような、数々の優れた性質があるからこそ、現在まで植林がつづけられてきたのだろう。クヌギ林の造成は、原則として植林によるから、クヌギだけの純林となる。

このクヌギの木を使って、北山台杉のような、一樹多幹法で細丸太を生産すれば、台木を枯らすことなく、長く、継続的に、規格のそろった、良質の炭の生産がつづけられる、というものである。太さのそろった幹を選択しながら伐採する、という切り方をするためには、幹が地ぎわから株立ちする「雑木林」スタイルより、幹が地上一～二メートルの台上に位置する「台木仕立て」のほうが、仕事がしやすい、というメリットもある。

このようにみてくると、台場クヌギが高級炭用の細丸太生産技術であること、その生産場所が、京・大坂の近郊に位置していたこと、なども理解できる。そして、その高級炭が茶室で使われていたとすれば、台場クヌギはまさに、茶室の床柱となっている北山台杉とおなじ価値をもった存在、ということになる。

あとは、お茶の葉と、茶器が加われば、茶の湯文化は完成する。茶葉の生産は京都の南、宇治川の谷間で行なわれている。ここは、常時、霧が発生して、渋の少ない良質の茶葉ができる。残るは茶器だけである。陶器は永久物だから、時間をかけて、日本各地から集めてくれば、それですむ。

こう考えてみると、台場クヌギの存在理由がみえてくる。それは、茶の湯という「京の文化」とともに発展してきた林業技術であり、その林業技術を磨いてきたのが「大坂の技術」といえる。

5章　コリンゴ天国
——奥日光・戦場ケ原——

戦場ケ原にコリンゴをみにいく

平成十三年五月末、私たち一行は奥日光・戦場ケ原に出かけた。コリンゴの花をみるのが目的だった。なぜ、コリンゴの花がみたいの？　コリンゴ（ズミとも呼ばれている）は日本の野生リンゴの一種である。私には、野生のリンゴ、という存在に、なにか興味をそそられるものがあった。それにこの花は、なかなか愛らしい。実は小さい（直径七～八ミリ）ながらも、赤く熟し、まさにリンゴの形をしている。葉は楕円形であるが、ときに三つの切れこみ葉があらわれる。それでミツバカイドウと呼ばれることもある。

宮城県鳴子にある東北大学農場山林では、ハンノキ・ハルニレの湿地林（ブナ帯）でよくみかけた。その一方で、私が住んでいる松島湾南岸の町・七ケ浜の道端にも、ときどき生えていて、なんだ、この樹は、と思わせたりする。

コリンゴの花（上高地にて、2002. 6. 2.）日本に野生するリンゴの一種、春～初夏にかけて、さわやかな白い花を咲かせて、なかなか愛らしい。

そんななかで、印象に残っているのは、栗駒山麓・世界谷地《やち》の木道ぞいで、かわいい白花をちらほら咲かせていた小灌木のコリンゴである。やはりコリンゴは、湿地を好む樹のようにみえる。しかし、どこでも単独で、大きな群落を形成することはない。

高橋秀男監修『樹木大図鑑』によると、コリンゴは、学名を*Malus toringo*といい、「湿原が乾燥化してきた時の一つの目安になる植物」とある。分布は、北海道、本州、四国、九州、朝鮮半島、となっている。

一方、山と渓谷社の『樹に咲く花・離弁花①』をしらべてみると、学名は*Malus sieboldii*で、分布は北海道～九州のほか、朝鮮半島、中国中南部、となっている。そこで『中国高等植物図鑑』をしらべてみると、*M. sieboldii*（三葉海棠）の分布は、遼寧《りょうねい》・山東・陝西・甘粛・湖南・四川・貴州・広東・広西（つまり中国の東北部も含めてほぼ全域）、となっており、朝鮮・日本にもあり、とある。われわれアマチュアが頼りにする図鑑類の記載が、こうもまちまちでは、困るなあ。

このコリンゴが、戦場ケ原に大群落がある、と聞いた。湿地を好むらしい、ということはわかっていたのだが、どうして戦場ケ原に大群落があるのか。前まえから、なんとなく疑問に感じ、そのことが私の頭の片すみにひっかかっていたのだ。その「なぞ」をさぐりたくて、今回の探訪となった。

日光いろは坂は、広葉樹の新緑で包まれていたが、中禅寺湖をすぎるあたりから、まわりは、裸木のつらなる林となってきた。戦場ケ原は、まだ早春だった。ちょっと早すぎたか。私たちは、光徳入口でバスを降り、逆川《さかさ》の橋をわたって、戦場ケ原に入った。このあたり、川原が広がって、コリンゴ、イヌコリヤナギ、シラカンバなどが樹林を形成していた。コリンゴはやっぱり、まだつぼみだった。しかし、もう紅をおびていて、魅惑にみちた色になっていた。

アシの湿原をぬけると湯川に出た。きれいで、豊かな水量だった。小田代橋のあたり、ウラジロモミとミズナラの森が広がっていた。ここからしばらくは、明るい森のなかを歩く。

青木橋から、また湿原に出た。湿原のなか、ところどころに土の盛りあがった個所があった。「やちぼうず」と呼ばれていた。よくみると、その上に、矮小化《わいしょう》したカラマツが生えていた。天然のカラマツが、湿原への侵入を試みているのだ。

戦場ケ原をとりかこむ高い山やま（白根、男体など）をみわたすと、山肌は、シラベ、トウヒ、ダケカンバからなる針広混交林で、そのなかに、点々と、淡い緑色の針葉樹がみられる。これが天然のカラマツらしい。そこから、カラマツのタネが戦場ケ原にむかって飛んできたのか。それとも、戦場ケ原の周辺には、あちこちにカラマツの植林地があるから、そこからタネが飛んできた可能性もある。

赤沼分岐から赤沼までは、湯川から分水した小川にそって歩く。このあたりは、かなり乾燥化が進んでいて、コリンゴよりイヌコリヤナギが多かった。こんな高原にもイヌコリヤナギが勢力を張っているのか。なんだか、ふしぎな感じがした。

戦場ケ原の湯川ぞいには、いろいろ高原性の植物がみられるが、そのなかで、ひとつ、興味深い灌木が存在していた。クロミノウグイスカグラである。里山に多いウグイスカグラ（スイカズラ科）は花も実も淡いピンクであるが、クロミノウグイスカグラは、花は黄色（五～六月）で、実は黒っぽく熟す。寒地性の湿原植物で、北海道では勇払《ゆうふつ》原野に自生ものがみられるという。ハスカップと呼ばれ、実は食用・薬用にされている。もともとは、シベリアのツンドラ原野の植物らしい。この植物が存在する、ということは、戦場ケ原が一種のツンドラ原野であることを示している。

コリンゴ天国

意外なことに、コリンゴの樹林は、湿原の中心部あたりでは少なく、むしろ、国道ぞい（一二〇号）に多かった。ガイドブックをしらべてみると、国道ぞいの、逆川橋あたりから三本松にかけて、分布の中心があった。じつは、逆川は上流の山（太郎山あたり）から土砂を流し出して、戦場ケ原湿原を陸地化させている川だった。そして、その土砂堆積地にまっ先に侵入してくるのがコリンゴだったのである。

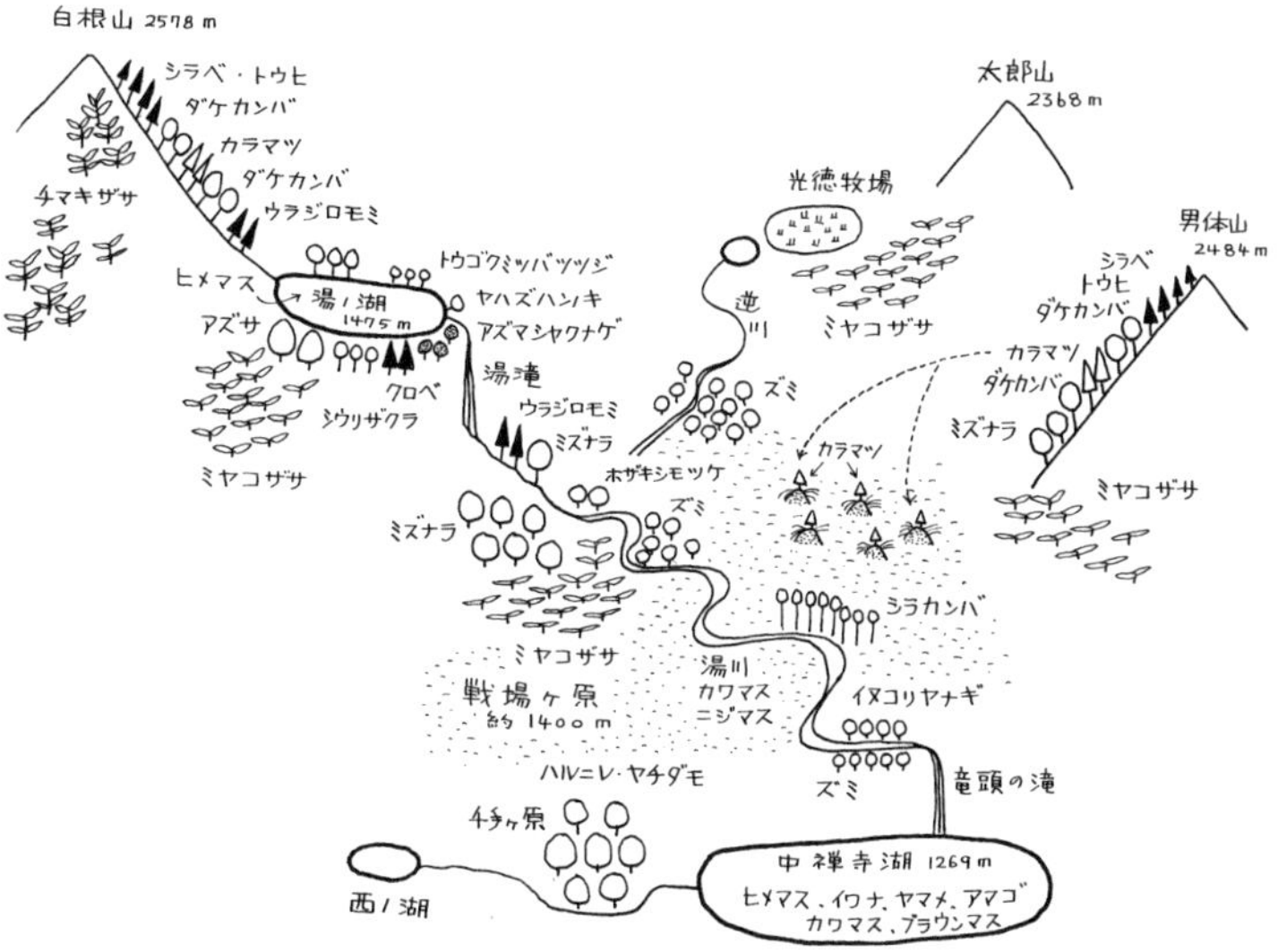

戦場ヶ原の地形と森林植生　戦場ヶ原をかこむ山やまの斜面は針広混交林となり、湯川の支流が流れ出している。

コリンゴが繁茂すると、国道側から戦場ケ原への展望が妨げられる。そういう理由で、平成六年に、三本松展望台周辺のコリンゴ四〇〇本が伐採されている。コリンゴは、戦場ケ原の嫌われものだったとは！

戦場ケ原は、男体山の噴火溶岩流で、湯川が堰き止められて形成された。約二万年前には大きな湖が、一万年前には小さな湖沼群ができている。年月が経過するにつれて、周辺の山からの土砂流出で、湿原はだんだん陸地化していく。湿原が陸地化していくのは、自然の動きなのだが、その過程で、コリンゴやシラカンバが侵入してきて、陸地の乾燥化を促進させているのである。

地元の人の話によると、コリンゴは、

むかしより増えてきたという。キティ台風（昭和二十四年）による山崩れの発生が、コリンゴ増加のきっかけになった、という話もある。戦場ケ原が陸地化していくのは、自然の動きである。しかし、乾燥化がもっと進めば、こんどは別の高木群（カラマツ、シラカンバ、ハルニレ）が侵入してきて、コリンゴは生活場所を奪われてしまうかもしれない。

現在、周辺の山やまでは治山工事が施され、土砂の流出を防止している。湿原への土砂の流入が少なくなれば、コリンゴも生活しにくくはなるが、それだけ、陸地化が遅れて、ほかの高木たちも入ってこれず、結局、コリンゴも、ほそぼそながら、長く生きつづけられる、という利点もある。

コリンゴは、どこでも少数派の植物なのに、戦場ケ原ではコリンゴの大群落がみられる。ここは、日本における唯一の「コリンゴ天国」といえる。戦場ケ原は、コリンゴが好む条件を、もっともよくそなえている場所なのだろうか。こう考えて一応の納得はしたものの、戦場ケ原のコリンゴ天国には、まだ、なにか、「なぞ」がかくされているように思われてならない。

戦場ケ原と尾瀬ケ原の比較　―コリンゴ天国形成のなぞ―

疑問はつづく。どうして、戦場ケ原にだけ、コリンゴ天国が形成されたのだろうか。そのなぞを解く方法がひとつある。それは、戦場ケ原とよく似た環境をもつ場所で、コリンゴがどのような群落を形成しているかをしらべ、戦場ケ原と比較してみることである。そんな場所があるだろうか。思いついたのは尾瀬ケ原である。尾瀬ケ原は、戦場ケ原の北西、高い山波を二つほど越えた反対側に位置する。そこで、戦場ケ原と尾瀬ケ原の、地形と植生を比較してみた。

(1)　戦場ケ原の地形と植生

湿原をとりかこむ流域の地形および森林植生を、鳥瞰図《ちょうかんず》的に描いたのが79ページの図である。戦場ケ原

湯ノ湖遊歩道ぞいのクロベ　このあたり、亜高山帯からブナ帯へ移行する地域で、湯ノ湖のまわりの森林には、ところどころにでっかいクロベがみられる（写真撮影：曽根田和子）。

は、西に錫《すず》ケ岳・白根山、北に金精《こんせい》山・太郎山、東に大真名子《おおまなご》山・男体《なんたい》山など、二〇〇〇メートル級の山やまにかこまれた盆状地形である。高い山やまの斜面は、シラベ、オオシラビソ、トウヒ、カラマツの針葉樹とダケカンバの混交する亜高山性の針広混交林となっている。

その山域を源流として、湯川の支流が山を降り、いったん湯ノ湖に入る。このあたり、亜高山帯からブナ帯へ移行する地域である。湯ノ湖のまわりの森林植生は、ところどころにでっかいクロベがみられ、湖岸の岩場には、アスナロ、アズマシャクナゲ、トウゴクミツバツツジが小さな群落を形成している。これらの花木は、初夏になると、みごとな花景色を演出する。湖をめぐる自然歩道ぞいには、アズサの大木とシウリザクラの林分がみられ、興味を引く。林床はミヤコザサ一色で、シカの食圧をつよく受けていることがわかる。

湯ノ湖を出た湯川は、すぐ、落差六〇メートルの豪快な湯滝《ゆたき》となって山を落下し、戦場ケ原に入る。そこで、東の山塊から流れてきた逆川と合流し、湯川本流となって、戦場ケ原の盆状台地の上をゆったり蛇行していく。そして、戦場ケ原の末端で竜頭《りゅうず》の滝となり、中禅寺湖に注ぐ。

戦場ケ原の中心部を流れる湯川ぞいの森林植生は、山の斜面はミズナラ・ウラジロモミの森、平坦地はハルニレの森となる。ブナ帯であるが、ブナは少ない。コリンゴ群落は、川ぞいの堆積土壌の上に出現する。

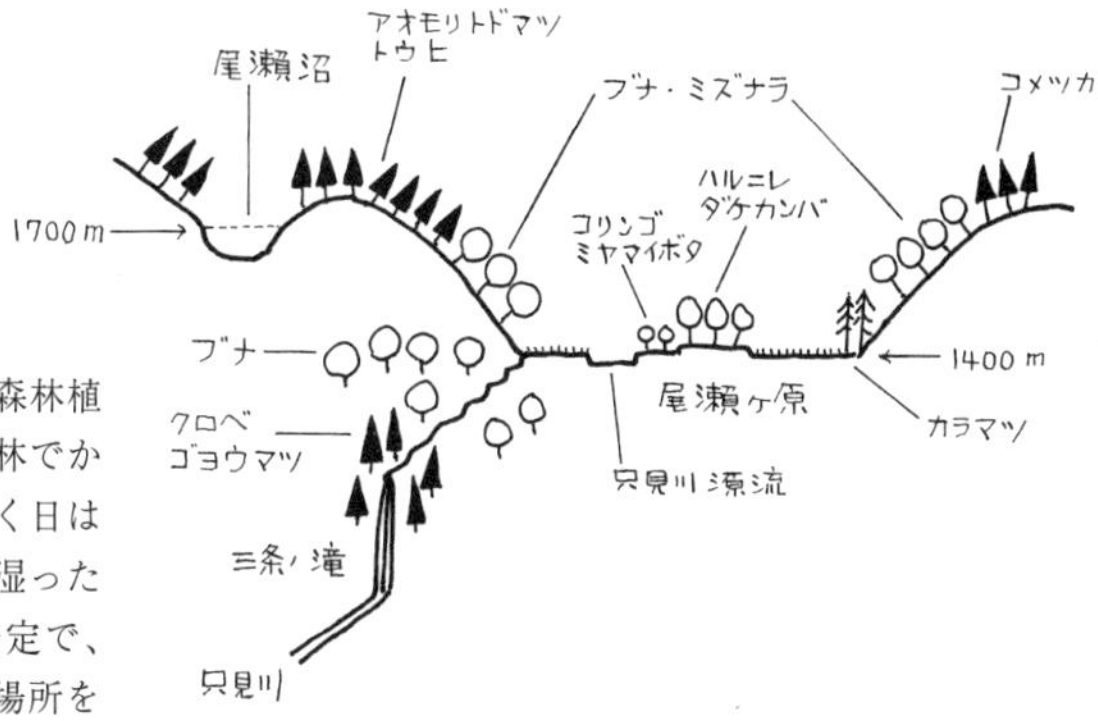

尾瀬ヶ原の地形と森林植生　まわりをブナ林でかこまれていて、よく日はあたるが、土壌は湿ったり乾いたりと不安定で、コリンゴはこんな場所を好む。

(2) 尾瀬ケ原の地形と植生

尾瀬の湿原をとりかこむ山やまの地形と森林植生の全体像は上図のとおりである。西に日崎《ひざき》山・景鶴《けいづる》山、東に燧《ひうち》ケ岳・皿伏山、南に鳩待《はとまち》峠、の山やまにかこまれた盆状地である。その山塊に源流を発する只見川支流は、尾瀬ケ原の上をゆったり蛇行し、平滑《ひらなめ》ノ滝・三条ノ滝で盆状台地から落下し、只見川本流となって、日本海へむかう。平滑ノ滝や三条ノ滝あたりの岩場は、クロベ・ゴヨウマツの針葉樹の世界であり、まわりの山の斜面はブナの森が支配する。

尾瀬ケ原は、標高約一四〇〇メートル、湿原の周囲はブナの森でかこまれている。宮前俊男『尾瀬の植物観察』によると、川ぞいは、水の浸かる場所はヤチダモ・オノエヤナギ群落、水の浸からない安定した土壌の平坦地はハルニレ群落となる。これら川ぞいの高木群落と湿原のあいだに、コリンゴ・ミヤマイボタ・イヌツゲの低木群落が生じる。

このような場所は、日はよくあたるが、土壌は水に浸かったり、乾いたりする、不安定な場所で、コリンゴはそのような場所に好んで出現してくる。

尾瀬ケ原は、標高は戦場ケ原とほぼおなじで、まわりの森林植生もよく似ているが、ひとつだけ大きなちがいがある。ブナ林の発達がいちじるしいことである。これは、尾瀬ケ原を水源とする只見川が日本海に注ぐことからでもわかるように、尾瀬ケ原は、日本海に面した豪雪地帯で、それがブナ林の発達を促進させているのである。

コリンゴについていえば、尾瀬ケ原のコリンゴ群落は、戦場ケ原のように、大群落を形成することはない。私は最初、尾瀬ケ原のコリンゴは、豪雪のために繁栄が抑えられているのではないか、と思ったが、いまは逆に、尾瀬ケ原のコリンゴ群落のほうが自然の姿ではないか、と考えなおすようになった。

人間活動が造ったコリンゴ天国

尾瀬ケ原のコリンゴ群落のほうが自然的とすれば、では、戦場ケ原のコリンゴ群落は自然的ではないのか。そう気がついて、地図を見なおしてみると、戦場ケ原のまん中を国道一二〇号がとおっている。戦場ケ原では、国道の敷設と維持管理のために、排水工事が強力に押し進められてきたにちがいない。このことが、コリンゴの繁栄に大きな影響を与えているのではないだろうか。

私は最初、コリンゴの大群落が、湿原の奥深く、自然豊かな場所でみられるもの、と思っていたのだが、実際は、国道ぞいで大きく発達していて、意外な印象を受けた。いま、ようやく理解できた。コリンゴの大群落が国道ぞいに存在することは、湿原の陸地化が、国道の敷設によって拡大していったことを示しているのだと。

湿原の陸地化は、国道の敷設だけではない。戦場ケ原では、植林と牧場の造成も、積極的に推進されてきた。土壌改良のための排水溝が縦横に走っている。そして、戦場ケ原の東半分は、カラマツの植林地や牧場などの人工植生に変貌している。

現在、国道にそって西側に、帯状に、コリンゴの大群落が大きく広がっている。自然条件下であれば、陸地化が進めば、コリンゴの低木林は、やがてハルニレの高木林に遷移していくのだが、高木林の発達は、湿原の景観を破壊するから、人為的に阻止されてしまうことになる。実際、コリンゴの低木林でさえ、湿原の景観を破壊する、という理由で、かなりの本数が伐採されている。しかし、湿原ぞいの伐採跡地は、じくじくしていて、日あたりもよいから、また、コリンゴが生えてくる。このあたり、今後とも、コリンゴ天国がつづくことだろう。

結局、戦場ケ原のコリンゴ天国は、人間活動に連動して形成されたものであった。これが、よいことなのか、わるいことなのか、判断に迷うが、コリンゴは、おおいに喜んでいるにちがいない。

6章　戦場ケ原を自然教育遊園に

消えゆく高原植物

奥日光・戦場ケ原はコリンゴ天国になっている。これは、国道敷設、牧場造成や植林のための排水工事、という人間活動に連動した出来事であった。人間活動がかかわっているとはいえ、戦場ケ原のコリンゴ天国は、みた目にも美しく、湿原の風景にもよくマッチしており、さらにいえば、日本では唯一の存在、ともいえる。このコリンゴ天国は、将来とも維持されるべきもの、と私は考えている。

戦場ケ原には、もうひとつ、人間活動と連動しながら、繁栄をつよめている生きものがいる。シカである。シカは、平和的な存在で、みる人の心をなごませてくれる。「子鹿のバンビ」という言葉がイメージさせるように、シカは、子供たちにとっては童話の主人公であり、大人にとっては、自然との共存、の象徴的な存在といえる。その一方で、草食動物であるシカは、生息密度が高くなれば、植生を破壊する危険性を孕《はら》んでいる。

私たちは、平成十三年五月の末、一泊二日で戦場ケ原を探訪した。一日目は湿原の中央を流れる湯川ぞいの自然研究路を、二日目は湯ノ湖湖畔をめぐる自然歩道を歩いた。

小田代橋から青木橋までは、明るく美しいミズナラの森のなかをゆく。下草は背の低いミヤコザサの群落で、林内は見とおしがよい。見とおしがよいのは、シカの食害による影響である。灌木や背の高い草本の多くが、シカの食害で消えてしまったからだ。ところどころで、でっかいウラジロモミの枯れ木をみた。これも樹皮が剥がされていた。

昭和四十～五十年代のガイドブックを読んでみると、そのころの戦場ケ原は、高山植物が百花繚乱と咲いていたらしい。しかし最近は、コオニユリ、ハクサンフウロ、ツリガネニンジン、コバノギボウシ、アザミ類、シラネアオイ、などがつぎつぎと姿を消していく。そして逆に、シカが食べない植物、トモエソウ、マルバダケブキ、ハンゴンソウなどが増えている、という。

日光山塊でシカが密度濃く生息しているのは、かつて表日光に皇室の御猟場があり、シカが保護されてきたことに遠因がある。戦後は、宇都宮営林署によって、国営猟場として管理され、一五〇〇ヘクタールの山林に塩場を一五か所設置するなどして、シカは保護されてきた。日光では、戦場ケ原のシカが問題になる以前から、大真名子山あたりの山やまでシカが出没し、なにかと話題になっていた。

目立つミヤコザサ

今回、戦場ケ原を歩いてみると、ミヤコザサの繁茂が目立つ。湯ノ湖のまわりの森でも、林床はミヤコザサ一色になっていた。これはシカの増加と関係がある。

ミヤコザサは、一年半生植物である。芽の出る場所は地ぎわにある。六月に新芽（たけのこ）を出し、葉は翌年の秋枯れる。芽は地ぎわにあるから、シカに食害されることはない。だから、葉がシカに食害されても、来年はまた、新葉を出す力がある。ほかの植物が消えていくのに、ミヤコザサは平気だ。

ミヤコザサは日本固有の植物（*Sasa* 属）である。ササ属の先祖は中国のタケの一種ササモルファ（*Sasamorpha*）にある。タケは一般的には、背丈が高く、節から枝が数本出るが、ササモルファは、背丈が低く、節から出る枝は一本だけである。このササモルファが、いまから一〇〇〇万年以上もむかし、東シナ海（当時は陸つづき）をわたって、日本列島に渡来し、海のなかの列島、という環境に適応して、ササという植物に変身した。私は、このように考えている（西口『森と樹と蝶と』）。

ササ属のなかでも、ミヤコザサは、適応が進んで、背丈はより低く、分枝もなくなる。そして学名も *Sasa nipponica*（日本のササ）という、日本を代表する植物となった。ミヤコザサは、九州から北海道にかけての、太平洋側の里山で、大きな勢力を張っている。しかし雪が苦手で、積雪五〇センチ以上になると、生育できなくなるという。

ミヤコザサは、日本固有の植物である。草丈は低く、分枝もない。芽の出る場所が地ぎわにあるため、葉がシカに食害されても、よく再生してくる。

湯ノ湖自然歩道は、シウリザクラの林のなかをゆく。林床にはミヤコザサ群落が繁茂していて、見とおしがよい。見とおしがよいのは、灌木や背の高い草本の多くがシカに食べられてしまったからである（写真撮影：曽根田和子）。

シカ、日本で大発展 ——そのかげにミヤコザサあり——

ニホンジカのふるさとも中国大陸にある。大陸のニホンジカは、現在、ベトナムから中国東北部にかけて、海岸よりに、広く分布している。半森林性で、森林と草原が混在するようなところに生息している。しかし大陸では、ニホンジカの生息で名が知られているような場所は、聞いたことがない。つまり、大陸のニホンジカは、ほそぼそと、ひっそりと、人目にふれないで、生きているように思われる。

そのニホンジカの一部が、大陸から、朝鮮半島を経由して日本列島に入ってくる。時代は比較的最近のこと、氷河期がやってくる、少し前らしい。いまから二〇〇～一〇〇万年ほど前のころである。現在、日本列島のニホンジカは、北海道（エゾシカ）から屋久島（ヤクシカ）まで分布している（沖縄・慶良間諸島のシカは、本土から人工的に移入され、野生化したものらしい）。

ニホンジカは、日本列島にやってきて、ミヤコザサと遭遇する。ニホンジカは、寒さにつよいが、雪にはよわい。積雪が五〇センチより深くなる山にはすめない。シカとミヤコザサの性格には、ふしぎな一致がある。そのうえ、ミヤコザサは、シカに食べられても食べられても、再生してくる。これは、シカにとっては、食料資源が枯渇しないことを意味する。それに、葉には、蛋白質が多く、栄養に富んでいる。ニホンジカは、日本列島にきてミヤコザサに遭遇し、ミヤコザサのおかげで、大繁栄のチャンスをつかんだ。そして、*Cervus nippon*《ケルヴス・ニッポン》、つまり日本のシカ、という学名を得る。

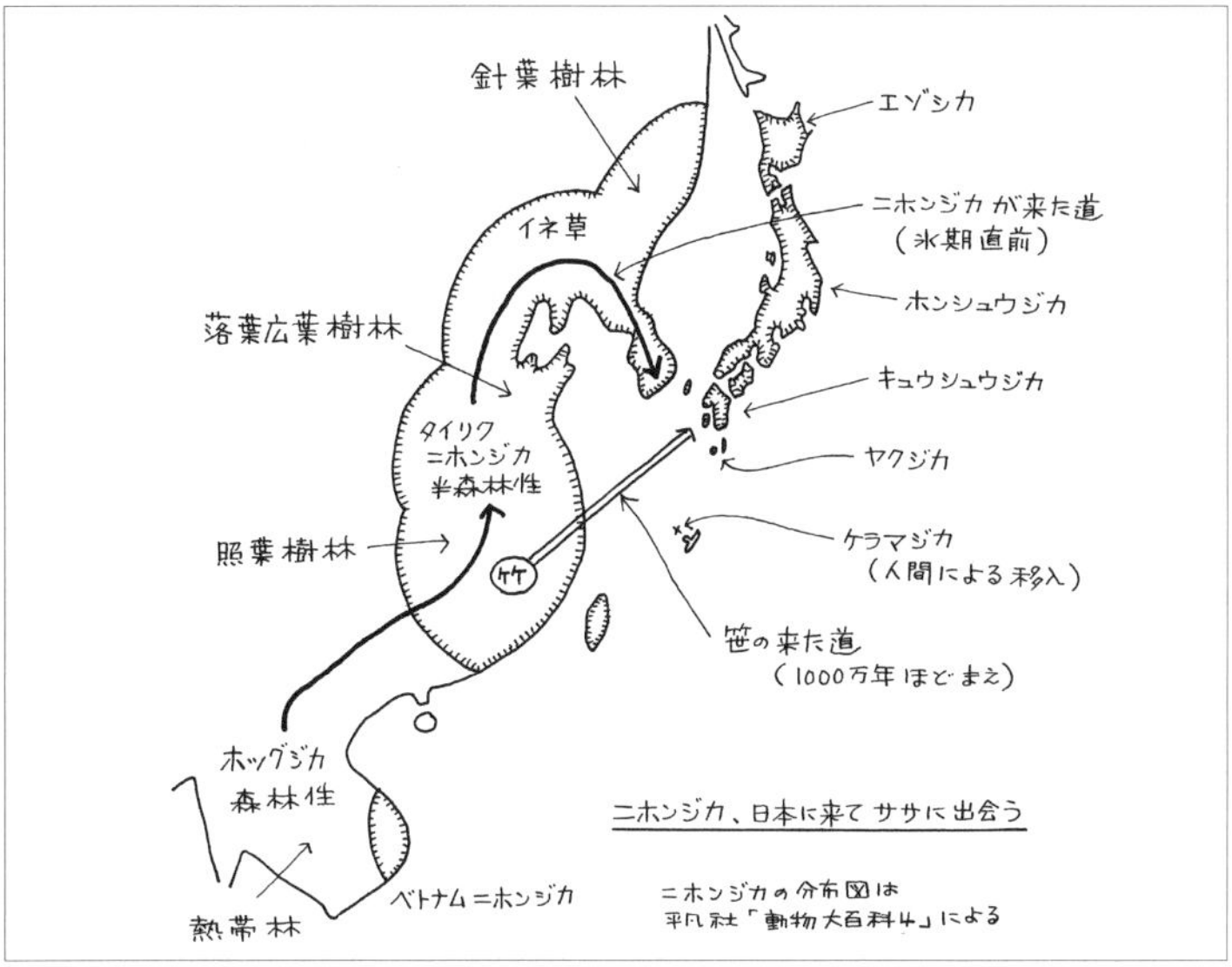

ニホンジカもミヤコザサも中国大陸から日本に来て、お互いに出会った。ニホンジカは、ミヤコザサに出会って、ミヤコザサのおかげで大繁栄のチャンスをつかんだ。それは、なぜ？

シカが増えてくると、植生はどんどん変化していく。そして、自然の景観も変化していく。一言でいえば、「シカ山」となっていく。人間が戦場ケ原の風景を変えていったように、シカもまた、戦場ケ原や周辺の山林の風景を変えていく。では、シカにとって、戦場ケ原はどんな存在なのだろうか。シカは知らん顔をしているから、シカに代わって、私が考えてみることにする。

宮地信良・編『奥日光ハンドブック』（一九九六）には、つぎのような記述がある。

「これは（シカ害）、ここ数年の暖冬によりニホンジカが急激に増えてきたことが原因といわれ、数を人為的にコントロールしたほうがいいのではないかという意見がある。しかし、日光周辺では一九八四年（昭和五十九）、豪雪によりニホンジカが大量に死亡したという経緯があり、その対応には難しい問題が含まれている。」

シカが豪雪で大量に死亡したということは、日光周辺のシカは、生存ぎりぎりの積雪地帯で生活していることを示している。おそらく、日光より北の、雪深い山域では、シカは、連年的には生きていけないだろう。また、日光より南の里山は、農業や林業など人間の活動地域で、シカは排除されてしまう。日光周辺の山やまは、自然環境として、シカ社会が生きていける貴重な空間になっている。そこはまた、国立公園―自然保護地域―になっていて、人間の圧力からも、シカは守られている。

シカ増加の原因　―丹沢の場合―

シカ生息数の増加は、戦場ケ原の植生や景観に大きな影響を与える。ではわれわれは、シカと、どうかかわっていけばよいのだろうか。このような問題を考えるときは、ほかに似たような例をさがして、それと比較・検討すれば、なにか、よいヒントが得られるかもしれない。じつは、似たような情況が丹沢でも発生していた。

丹沢では、大正年間、シカの生息地域に狩猟区と禁猟区が設定されている。狩猟のための保護政策がとられてきた場所である。戦後は保護政策がつよまり、昭和三十年から四十五年まで禁猟になっている。戦前・戦後にわたって、なんらかのシカ保護政策がとられてきた点は、日光と共通している。

戦後丹沢で、シカの生息密度が急速に上昇してきたのは、シカ保護政策のほかに、昭和三十〜四十年代に行なわれた拡大造林（国の林業政策）も関与している。広葉樹の自然林が伐採され、スギ・ヒノキが新植されたのである。その伐採・新植地が、一時的に野草を繁茂させ、それがシカの餌条件を好転させた。シカの繁殖率は上昇し、個体数が増加し、その結果として、新植の苗木にシカの食害が発生するようになったのである。

しかし、年数が経過して、植林したスギ・ヒノキが成林すれば、林冠が鬱閉し、林床《りんしょう》植物（野草など）が減り、シカの生息密度も自然と低下してくるだろう。丹沢のシカの未来は、このように予測されている。

日光の場合　―戦場ケ原の存在―

昭和三十〜四十年代の拡大造林は、全国いっせいに行なわれたから、日光のシカの生息密度が増えたのも、戦後の拡大造林が関係している可能性は大きい。しかし、スギ植林がはじまって、そろそろ四〇年になる。植林地はもう十分成林しているはずである。そうなれば、林内には野草も減ってくる。シカは餌場を失い、生息密度は低下してくることが予想される。日光のシカが昭和五十九年の大雪で大量餓死したことは、日光のシカが体力的によわっていることを暗示する。これは、生息密度低下への、ひとつの前兆といえるのかもしれない。

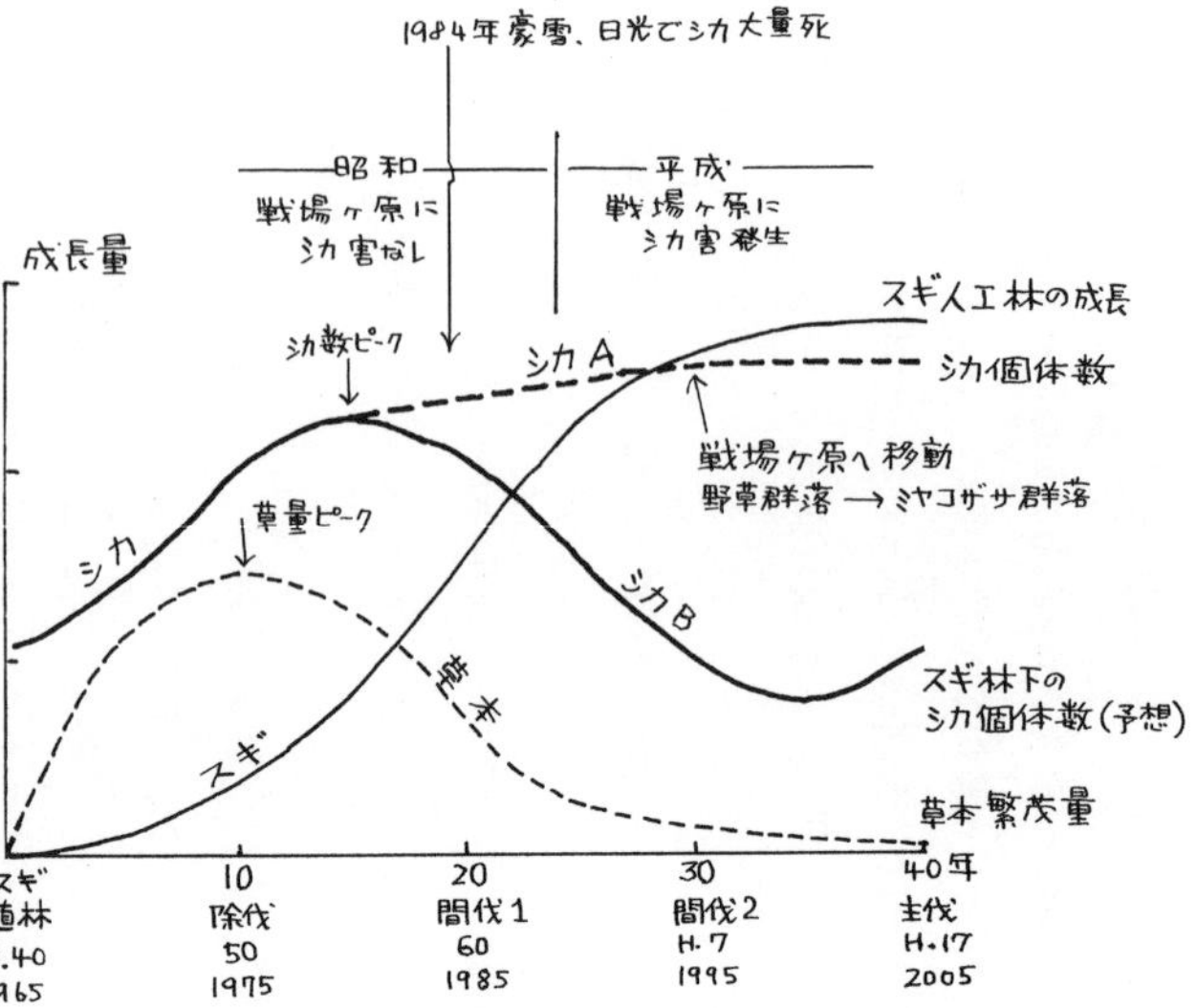

植林スギの成長、下層草本の量変化、シカ個体数の変動と移動

日光のシカの個体数の変動と植林スギの成長・下層草本の量の変化の関係をみると、スギが成林し、林床植物が減るにつれて、シカは戦場ヶ原へ移動していることが予想される。

ところが日光には、丹沢にない、別の条件がひとつ存在していた。それは、近くに、戦場ケ原という、天然の草原が存在することである。スギ成林にともなう餌場の減少は、シカ個体群を、表日光の山から奥日光・戦場ケ原へ移動させる「きっかけ」になる。最近の戦場ケ原でのシカ個体群の増加は、このへんの事情を反映しているのではないか。私はそうみている。

昭和五十八年に発行された『観光ドライブ道路地図帖、広域関東編』には、男体林道あたりでシカがみられる、とある。そのころ、戦場ケ原のシカ害は問題になっておらず、むしろ観光資源としてみられていた。戦場ケ原でシカ害が問題になってきたのは、平成の世になってからである。

表日光のシカは、男体林道をとおり戦場ケ原に移動することによって、個体群を維持することができた。現在は、湯ノ湖周辺から戦場ケ原の西部にまで、分布を広げている。しかしシカは、積雪五〇センチより深いところでは生活できない。だから、夏場を戦場ケ原ですごしたシカは、冬は、千手ケ原《せんじゅがはら》から足尾のほうへ南下するか、男体山の南側をとおって表日光へ南下し、そこで越冬しているらしい。

シカと植生　—自然はバランスをとる—

では、戦場ケ原のシカ対策はいかにあるべきか。こんな場合一般的には、在来植生の保護対策とか、シカ個体数の調節とか、が課題となり、その方法論に議論が集中する。確かにシカは、植物社会に大きな影響をおよぼす。その一方で、シカは、植物社会に支えられて生きている。こんな場合、自然は、バランスをとる術をこころえている。

だから、シカ対策を議論する前に、現状がこのまま推移すれば（自然にまかせれば）、戦場ケ原の自然植生あるいは景観はどうなるのか、また、シカ個体群はどうなるのか、その未来の姿を予測してみてはどうだろうか。そしてそれが、許されるものなのか、そうでないのか、評価してみてはどうだろうか。そのうえで、必要な対策を講じてはどうか。

状況を自然にまかせれば、戦場ケ原の植生は、シカの嗜好植物は消えて、有毒植物とミヤコザサが中心の原野になっていくだろう。では、具体的には、戦場ケ原の未来の植生は、どんな植物で構成され、どんな景観になるのだろうか。ふしぎなことに、われわれが心配するほどには、わるい景観になる、とはかぎらない。

スイスの山岳草原は、美しい高山植物に覆われているようにみえるが、これは、ウシの放牧によって形成された植生である。毒草が主になっているが、ゲンチアナ（リンドウ）やキンポウゲなど、美しい花も多い。スイスの三銘花のひとつ、アルペンローゼ（アルプスのバラ）はシャクナゲの仲間である。これも毒樹である。そんななかで、放牧牛の食生活を支えているのは、イネ科のオーチャードグラスのような、再生可能の自然牧草である。

中国西部から中央アジアの山岳地帯は、花の美しいケシ類やキケマン類、あるいはシャクナゲ低木群の天国になっているが、この地の植生も、大型草食獣の食圧に耐える草種・樹種で構成されている。草食獣の生活を支えているのは、やはり、イネ科草である。

屋久島はシカのすむ島である。草原や森の低木層の主たる植生は、有毒植物で構成されている。屋久島でシカの食生活を支えているのは、山岳地帯の草原ではヤクザサである。ヤクスギ林や照葉樹の森のなかでは、背の低い広葉樹が食餌になっていると思うが、それがなにか、私には確認できていない。カシ類の落葉を食べているところは何回もみているが、落葉だけでは、シカの社会を維持するのは困難だろう。ともかくシカは、むやみに個体数を増加させることなく、植物社会とバランスをとって共存している。屋久島の植物社会がシカによって破壊されている、という印象は受けない。

宮城県金華山島のシカは、モミ・ブナの針広混交の森にすんでいる。林床植生は、ハナヒリノキ、シキミ、メギなど、毒樹で構成されている。そのなかで、盆栽のように刈りこまれたガマズミの群落をみる。シカの食生活を支えることができるのは、唯一、再生力の旺盛なガマズミではないかと思う。金華山には、ミヤコザサは自生しない。ススキも食餌になってはいるが、これは、シカの食圧がつよくなってくれば消えていくだろう。

本来なら、金華山のシカは、ガマズミをたよりに、植物社会と共生しながら、つつましく生きていくのが自然の姿、と思うのだが、現実は、観光客による餌の供給、あるいは旅館からの残飯供給で、シカは、自然力以上に増殖し、その結果、島の植生を大きく変質させてしまった。シカにたいする餌付けが、かえって、シカ社会も、植物社会も、破滅に導いていくことになる。

戦場ケ原を自然教育園に

戦場ケ原は、シカが増えると、将来、どんな草種が増えてくるだろうか。トモエソウ、マルバダケブキはすでに増えているが、そのほか、ヤマトリカブト、ヤマオダマキ、ウマノアシガタ、オキナグサ、キキョウ類、リンドウ類、ハンゴンソウ、バイケイソウ、シャクナゲなどの増加が考えられる。スイスの高原牧場では、しばしばイブキトラノオが大きな群落を形成するが、これは、ウシが食べないからだと思う。戦場ケ原でもイブキトラノオの増加がみられるらしい。

戦場ケ原は、将来、これらの植物が増えてくることだろう。これらの毒草・毒樹は、当然、シカの食餌とはならず、シカはもっぱらミヤコザサで生活していくことになる。これはこれで、おもしろい景観になるかもしれない。とくにシカ対策をとらなくても、戦場ケ原の植物社会は、シカ社会とうまく共存していくことだろう。それならむしろ、草原のなかで、のんびり草をはむシカの群れを、戦場ケ原の風景として認知してはどうだろうか。

私は、戦場ケ原を、子供たちに、シカをとおして自然を学ばせるための、「自然教育遊園」にしてはどうか、と考えている。そのためには、戦場ケ原は、できるだけ自然にまかせて、自然の力で、シカと植物にバランスをとらせるのが、結局は、もっとも好ましい姿になる、と思う。

ただし、シカによって滅ぼされてしまう恐れのある野草は、それを保護するために、あるていどの面積の「野草保護区」を設置する必要はある。そのほか、自然に手を加えて、「自然教育遊園」として好ましい形態に育てていくことも、必要だろう。具体的には、左記のような施策が望まれる。

(1) 野草保護区

シカの食圧を受ける前の、自然本来の草原植生がどんなものか、それを残しておくことは、学問的にもひじょうに興味がある。そこで、戦場ケ原の一部に、金網を張って、シカの侵入を防ぐ「野草保護区」を設定する。ただし、景観を破壊しないよう、人目につかないところで、小規模に設定するのが望ましい。

(2) シカと林業の共存

丹沢もそうだが、岩手県五葉山もおなじで、スギ・ヒノキの植林地は、シカの侵入を防止するために金網を張りめぐらしている。これは、景観としては、なんとも見苦しい。戦場ケ原のような、自然景観が大きな売り物になっている場所では、絶対、金網など張るべきでない。シカと共存する林業を考えるべきである。

シカと共存する林業として、「ミズナラの台木仕立て」を提案したい。台木仕立てとは、高伐り萌芽林で、野生のシカなどの食害を避けるための育林法である（4章参照）。カラマツの植林地を減らし、戦場ケ原の中心樹種・ミズナラの台木仕立て林を造成する。台木仕立てで生産したミズナラの細丸太は、その地方の燃料―薪ストーブや暖炉用―として販売する。また、「台木仕立て林」そのものは、「林業とシカの共存林」という名目で、観光用景観としても活用できる。

(3) 牧場

牧場は、ウシ生産だけでなく、野生のシカにとっても、食料提供の場となる。牧畜のさかんなヨーロッパでは、牧場は、野生草食動物の餌場としても機能している。私は、戦場ケ原をシカの楽園にして、観光や自然教育に活用すべきだ、と考えているが、その場合、牧場は重要な存在となる。売店では、とびきりおいしい牛乳を飲ませてほしい。

(4) シカの皮角細工

シカは大きな繁殖力をもっている。この自然力を利用しない手はない。増殖しすぎたシカは間引して、皮や角の細工物を土産物として販売する。

(5) 蝶の食草保護区

戦場ケ原のシカに関しては、それほど神経質にならなくても、自然のままにまかせてもいいのではないか、と思うが、ただひとつ、気になることがある。蝶の問題である。北関東から信州にかけての高原には、特殊な山草群に支えられて生きている貴重な蝶類が生息している。たとえば、ヒョウモンチョウ、コヒョウモン、ヒョウモンモドキ、コヒョウモンモドキなどである。

これらの高原の蝶にとって、シカは危険な存在となる。コヒョウモンはクガイソウを、ヒョウモンチョウはワレモコウやクガイソウを、ヒョウモンモドキはアザミ類やタムラソウを、コヒョウモンモドキはクガイソウを、それぞれ幼虫の食草にしている。

最近、コヒョウモンモドキの姿が戦場ケ原からみられなくなったという。もしかしたら、クガイソウがシカの食害で減少してしまった結果かもしれない。このような蝶たちの食草を「蝶の食草保護区」のなかで育てる。小さな「蝶の食草保護区」を、あちこちに、人目のつきにくいところに設置する。

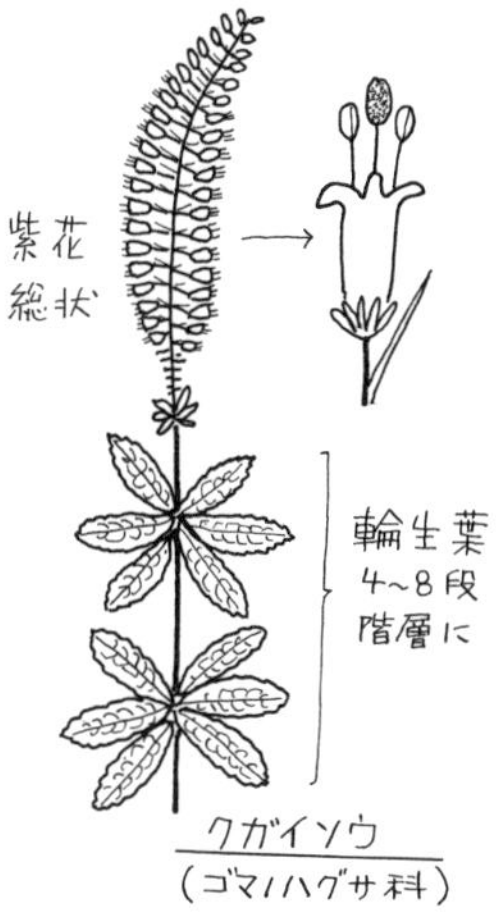

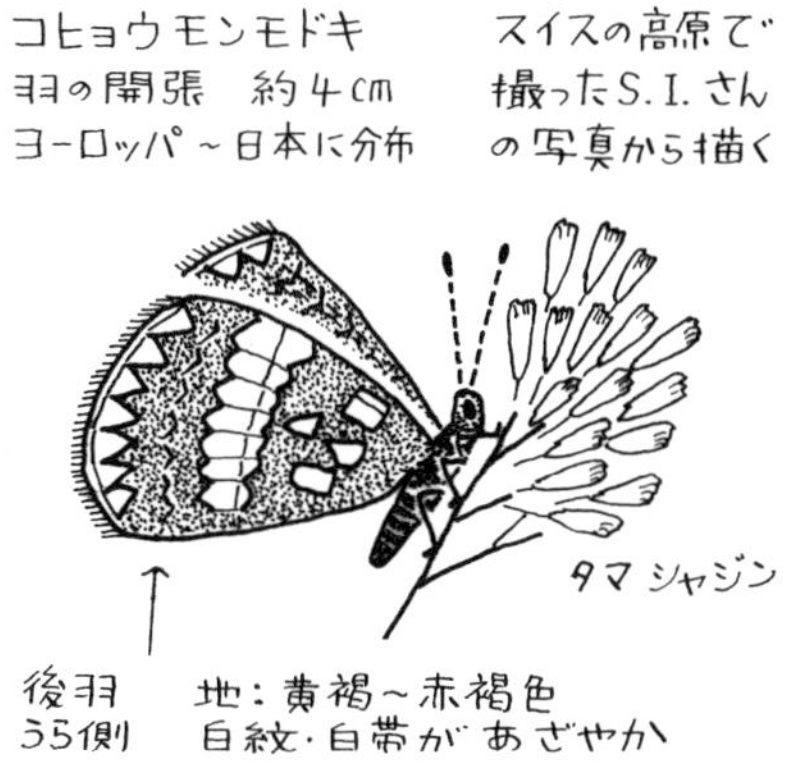

クガイソウ（左）とコヒョウモンモドキ（右）
コヒョウモンモドキの幼虫はクガイソウを食草にして育つが、最近、戦場ヶ原では姿がみられなくなったという。シカにクガイソウが食べられてしまったからだろうか？

(6) 自然教育遊園

このように、一方では野草保護区や台木仕立て林造成などの措置を講じながら、戦場ケ原を、コリンゴとシカの天国に導いていけば、子供たちが自然を勉強する場所としても、おもしろくて、楽しい存在になるだろう。

いま、各地で、自然公園（環境省）や自然休養林（林野庁）の施設がある。そこには、ビジターセンターがあって、自然のことを教えてくれる。しかし、もっと、子供たちを楽しませる工夫があってもよいのではないか。それが、「自然教育遊園」構想である。人工物はできるだけ排除して、自然物を相手に、勉強したり、遊んだりする場所である。戦場ケ原が、子供のための、一大自然教育遊園になるよう、工夫してもらいたい。

7章　樹と虫のメルヘン
―栗駒山麓と八幡平―

(1) ブナの森にて

ヤグルマソウとヒゲナガガ

梅雨のあいまの、ある晴れた一日、森林教室の生徒さんを引き連れて、栗駒山麓のブナの森を歩いた。林道ぞいには、ヤグルマソウの群落がちょうど花ざかりだった。白い、細かい花をいっぱい、円錐《えんすい》花序につけている。ルーペを使って花の観察をする。長さ二ミリほどの、小さな、白色の、五枚の花弁に、おしべが一〇本、突出している。野草図鑑の記載をみると、花弁にみえたのはがく片だった。

私たちの観察会は、これからが本番となる。こんな花には、さまざまな虫がよく集まるからだ。みんなで虫探しとなる。案の定、カラカネハナカミキリ（ヒメハナカミキリの仲間）が花蜜を吸っていた。

私は叫ぶ。「花と虫の写真、お願いします」。森林教室の生徒さんは、別の山野草の会で、花の写真を撮っている人が多い。花の接写はプロ級である。撮影の対象を、花と虫の両方同時にするだけの話だから、すぐ、おもしろがって、虫の写真も撮ってくれる。あとで、Sさんの写真帳をみせてもらったら、ユキザサの花にモモブトハナカミキリが写っていた。これは、ちょっと珍しい種類らしい。また、Aさんの写真帳には、ヤグルマソウの花とヒゲナガガのツーショットが写っていた。

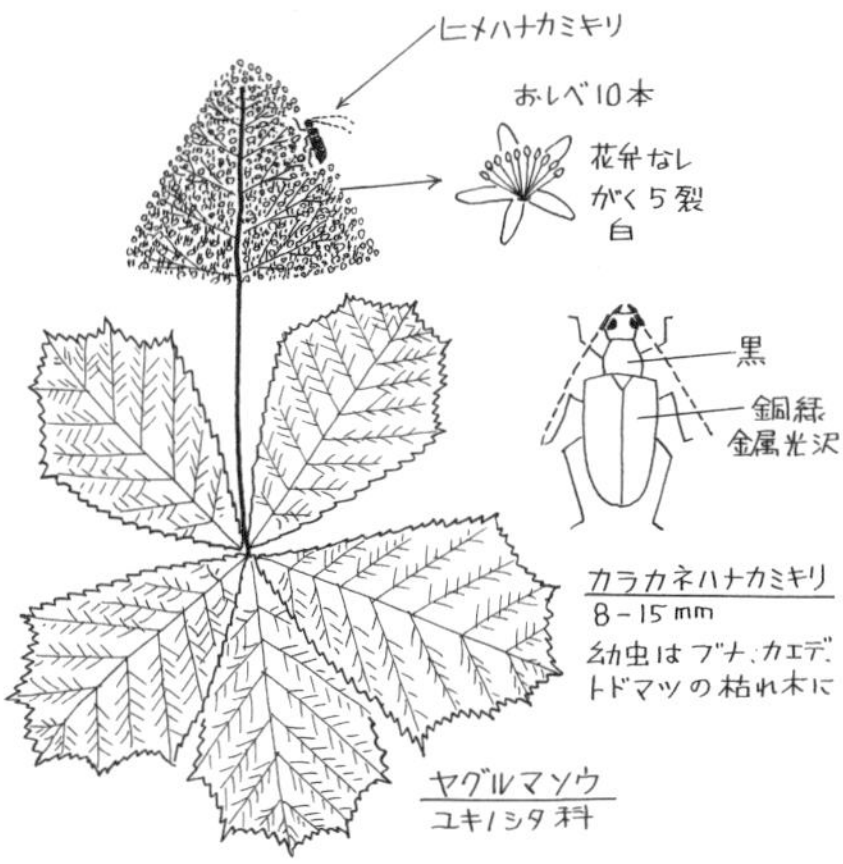

ヤグルマソウの花（左）とカラカネハナカミキリ（右）　ヤグルマソウは、大きな円錐形の花序に、小さな白い花をたくさんつけて、虫たちを呼んでいる。虫たちも、こんな花が好きらしい。

ヒゲナガガ（髭長蛾）の仲間は、羽長一センチほどの小さな蛾であるが、長い触覚《しょっかく》をもっているので、よく目立つ。それで英名はLong《ロング》-horned《ホーンド》 moth《モス》（ツノナガガ）と呼ばれている。それに羽の色は橙褐色で、よくみると、なかなか美しい。蛾はふつう、夕方に出てくるものだが、この蛾は昼間に飛んでいる。飛翔しているときは、後羽が金属光沢に輝く、というから、今度会ったら、飛ぶ姿に注意してみよう。昼飛性であること、羽に金属光沢があることから、この蛾は毒をもっていることが推測できる。野鳥に食べられないようにである。

『日本産蛾類大図鑑』をしらべてみると、写真の蛾は、ウスベニヒゲナガ（*Nemophora staudingerella*《ネモフォラ・スタウディンゲレラ》）という種だった。この蛾は、九州から北海道にかけて、低地から高山帯にまで、広く分布している。つまり、日本のどこにでもいる、ごくふつうの種類である。その気になって観察すれば、遭遇できるチャンスは高い。出現季節は五～七月である。国外では、サハリンとシベリアにも生息している。

ヒゲナガガの仲間は、世界に二五〇種、ユーラシアに一二〇種、日本には約二〇種ほど知られている。けっこう、繁栄している蛾である。この小さな蛾は、どんな生活をしているのだろうか。日本の蛾類図鑑をしらべてみたが、生態を解説している図鑑はみあたらなかった。そこで、ヨーロッパの蝶蛾図鑑をしらべてみた。

ヨーロッパで、もっともふつうにみられるのは*Nemophora degeerella*《ネモフォラ・デゲレラ》という種で、これは、日本のウスベニヒゲナガによく似ていた。おそらく、ごく近い親戚だろう。どうやら、ウスベニヒゲナガの一族は、世界中に広がっているようだ。

ユキザサの花のうえにやってきたモモブトハナカミキリ　これは、ちょっと珍しい種類らしい。熱心に花蜜を探している（栗駒山麓にて、写真撮影：曽根田和子）。

ヤグルマソウの花にとまるウスベニヒゲナガ　長い触覚がよく目立つ（栗駒山麓にて、写真撮影：秋山列子）。

幼虫は、小さな、丸い袋のなかに入っていて（ミノムシのように）、落ち葉を食べる、という記述と、最初はアネモネ（ニリンソウの仲間）の葉に潜入し、のち、大きくなってからは、袋のなかに入ってアネモネの葉を食べる、という記述があった。

どちらの記述が正しいのだろうか。ウスベニヒゲナガは、どこにでもいる、ごくふつうの種類なのに、生活に「なぞ」を抱えていた。日中出てくる、かわいい小蛾で、私は前まえから、なんとなく興味を感じていたのだが、こんな「なぞ」を抱えているとは、知らなかった。暇ができたら、この仲間の生態を、もうちょっと詳しくしらべてみたい、という気持ちになっている。

枯れ木に集《つど》う虫

林道から離れて山道に入る。ブナの原生林となる。でっかいアズサが目を引く。この樹皮はサロメチールの匂いがする。道端にシナノキとキハダの林分があった。シナノキは樹皮から「しな布」が採れる。小枝を切って樹皮を剥いでみる。繊維質が発達しているから、手ではちぎれない。キハダは内皮がまっ黄である。小枝を採って、ナイフでつまようじを作り、なめてみる。苦い。しかし、それほど嫌な苦さではない。これは胃腸の薬になる。山の人は、キハダのつまようじを口に含みながら、仕事をするという。

クロジがさかんに鳴いていた。この鳥は、ブナの原生林との結びつきがつよい。しばし立ち止まって、静かにクロジの鳴くのを待つ。たいていは、期待にこたえて鳴いてくれる。鳴き声は、音節の最後の二音に特徴があって、一度おぼえると、忘れない。

このあたり、雨もよいの日には、アカショウビンの声が聞かれることもある。しばらく行くと、一本のブナの老木が、幹の途中から折れて枯れていた。枯れ木のまわりを、一匹のヒメバチがうろうろ飛んでいた。細長い尾をもっている。これは産卵管である。枯れ木のなかにカミキリムシの幼虫がいるのだろう。小さな穴から産卵管を突っこんでいる。コンボウケンヒメバチという種類らし

産卵中のコンボウケンヒメバチ　枯れ木のなかにカミキリムシの幼虫をみつけたらしい。樹皮の小さな穴から産卵管を突っこんでいる（栗駒山麓にて、写真撮影：曽根田和子）。

い。Sさんが、ヒメバチの産卵中の姿を望遠レンズで撮っていた。あとで写真をみせてもらった。なかなか迫力のある、いい写真だった。

林内を低空飛行しているカミキリムシがいた。すばやく捕虫網ですくい捕る。ヘリグロリンゴカミキリという種類だった。このカミキリムシも、ブナの枯れ木で繁殖しているのかもしれない。ブナの枯れ木には、いろいろなカミキリムシが寄生する。私は、栗駒山の別の場所で、ブナの新鮮な枯れ木の上を這いまわっているヒゲナガゴマフカミキリを捕ったことがある。枯れ木が少し古くなると、コブヤハズカミキリがやってくる。このカミキリムシも、栗駒山では珍しくない。こんなカミキリムシの幼虫（枯れ木のなかにいる）を、コンボウケンヒメバチは探しているのである。

ブナの枯れ木にヒラタケが一面についていた。よく注意してみると、ヒラタケのまわりに、黒っぽい、小さな虫が、たくさん這いまわっていた。キノコムシだ。こんなときのために、透明のフィルムケースを用意してある。二、三匹とって、みなさんにみせる。家に帰って図鑑で確認したところ、アオバチビオオキノコムシという種だった。チビのくせに、オオキノコムシとは、変な名前だね。

このキノコムシの体は、体が小さく（約五ミリ）、昆虫針にはささらない。そこで、三角台紙にのり付けして、台紙を針で止めるのだが、体がすべすべしていて、指でつまもうとすると、つるっと滑り落ちてしまう。なんで、このキノコムシは、こんなに「つるつる」しているのだろうか。もしかしたら、きのこの胞子が体につくのを嫌っているのではないか。

私は『森のなんでも研究』のなかで、キノコムシは、きのこの胞子を体につけて、枯れ木から枯れ木へ

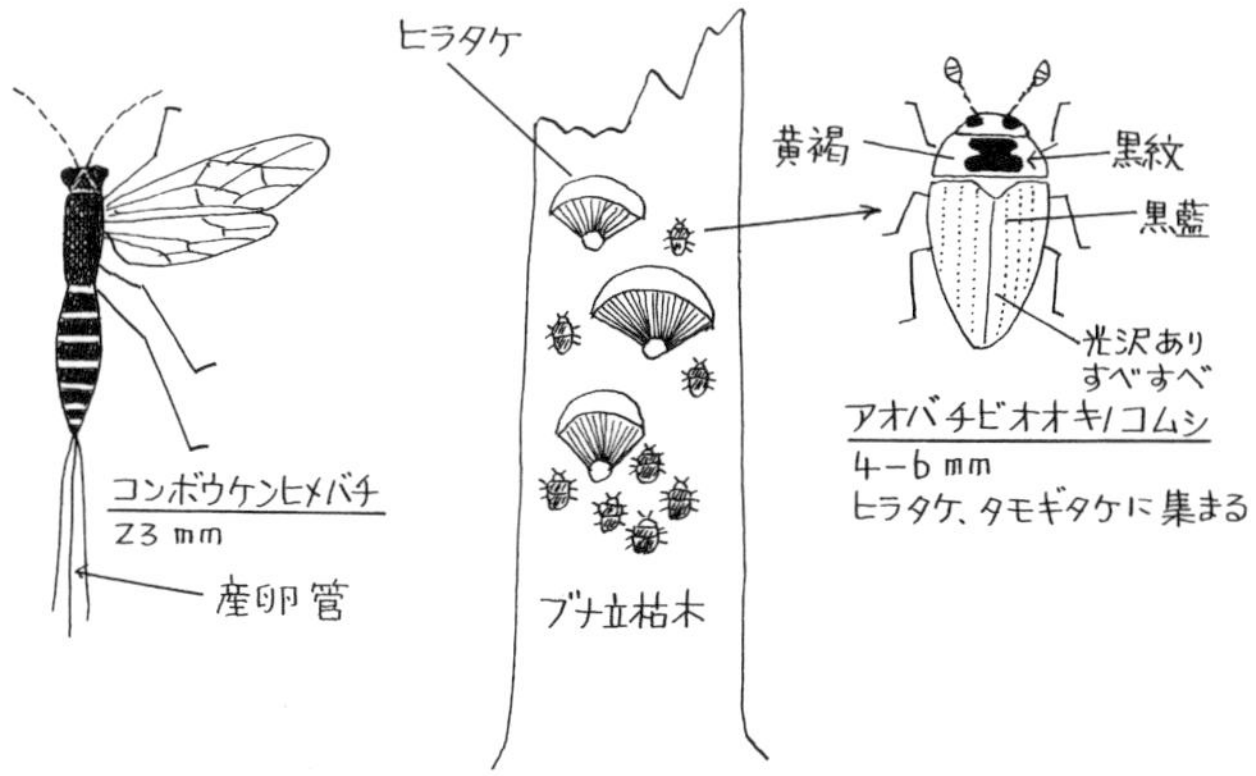

ブナの枯れ木に集まったキノコと虫たち（中央）　アオバチビオオキノコムシ（右）は、体がやけにすべすべしている。きのこの胞子が体につくのを嫌っているのだろうか。

運搬しているのではないか、と書いたが、キノコムシのなかには、その仕事を好まないものもいるのかもしれない。キノコとキノコムシの関係は再検討してみる必要がある。アオバチビオオキノコムシがそれを要求していた。

（2）亜寒帯針葉樹林にて　―八幡平―

オガラバナとヒメカミキリ

平成十三年七月中旬、森林教室の生徒さんを引き運れて、八幡平《はちまんたい》探訪に出かけた。午前中は、藤七《とうしち》温泉近くの、アオモリトドマツの森のなかの自然研究路を歩き、午後は八幡平の頂上から池めぐりコースを一周した。道路ぞいのあちこちに、枝一面に花を咲かせている木があった。葉形はテツカエデに似ているが、葉裏に白い綿毛が密生している。オガラバナだった。

オガラバナはブナ帯上部から亜高山帯にかけてみられるカエデである。花序は穂状（円錐花序）に伸び上がるので、ホザキカエデとも呼ばれる。花自体は、小さく、白っぽくて、地味なものだが、一花序に一〇〇個もの花をつけることもある。その姿はなかなか壮観である。八幡平には、また、あちこちにミネカエデも花を咲かせていたが、こちらのほうは総状花序、花は一〇個ていどで、やや見劣りがする。

このオガラバナの花に、ヒメハナカミキリが群らがっていた。ヒメハナカミキリは、体長一センチにもみたない、小さなカミキリムシ群である。成虫は、シシウドやショウマ類など、小さな花が群がり咲く、背の高い野草によく集まる。今回、八幡平を歩いてみて、オガラバナの花がヒメハナカミキリの重要な蜜源植物になっていることを知った。

ヒメハナカミキリの仲間は、現在、亜高山帯からブナ帯にかけて、多くの種類が生息している。そして一部の種は、温帯里山にも分布を広げている。もともとは、亜高山針葉樹林帯をふるさとにして誕生した虫群ではないか、と私はみている。そしてこの虫群（ヒメハナカミキリ属 *Pidonia*《ピドニア》）は、おもしろいことに、日本列島で大発展しているのである。ヒメハナカミキリ属はヨーロッパでは一種しか存在しないのに、日本列島には四〇種も存在する（西口『森と樹と蝶と』）。

八幡平のヒメハナカミキリの幼虫は、おそらく、アオモリトドマツの枯れ木を食べて育つのだろう。アオモリトドマツに依存して生きている虫ではないか、と私は推測している。アオモリトドマツは、東北の

オガラバナの花穂　長い花穂に白っぽい花がたくさん咲き群れるので、ホザキカエデとも呼ばれている。虫たちにとっては、餌の蜜がたっぷりと味わえるありがたい花なのだろう（八幡平にて、写真撮影：伊藤正子）。

亜高山帯の中心樹種である。この木は、つよい風圧を受けて、よく枯れるから、八幡平のヒメハナカミキリにとっては、繁殖木に困ることはない。

七月になると、枯れ木から新成虫が羽化してくる。新成虫は、新しいトドマツの枯れ木を探して産卵する、という仕事にかかるのだが、その前に、近くに咲いている樹の花や野草の花を訪問する。花粉や花蜜を食べ、体に栄養を補給して、産卵にそなえるためである。亜高山帯で、ヒメハナカミキリの成虫に花粉と花蜜を提供しているのは、おそらく、オガラバナが一番であろう。オガラバナは、東北の亜高山帯の中心的な花木なのである。

ヒメハナカミキリは小さいものだから、その気になって注意しないと、つい見逃してしまう。私は、捕虫網でヒメハナカミキリを捕

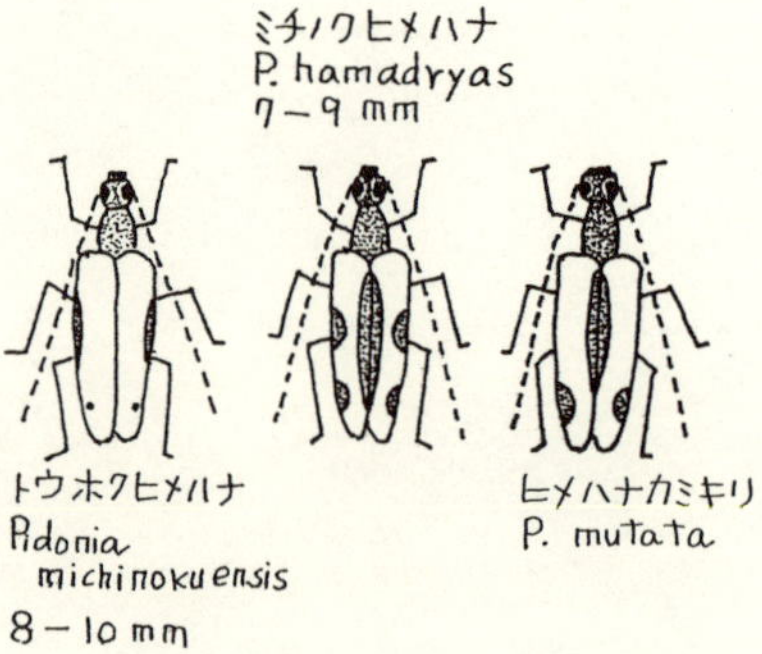

東北の亜高山帯でみられるヒメハナカミキリ類3種　翅鞘はベージュ色、黒紋があり、頭と胸は黒い。

まえ、フィルムケースに入れる。そしてみなさんに、虫をみせながら、ヒメハナカミキリの話をする。みなさんの目は、オガラバナの花にむけられ、カメラはヒメハナカミキリを追いかける。

家に帰って、再度、甲虫図鑑をしらべなおしてみたが、ヒメハナカミキリ類（*Pidonia*《ピドニア》属）は、種の見分け方が細かくて、一般の人にはわかりにくい。東北の亜高山帯には、ヒメハナカミキリのほかに、トウホクヒメハナカミキリやミチノクヒメハナカミキリなどもみられるというが、われわれは、細かく区別する必要はないだろう。

枯れ木を準備するキクイムシ

八幡平は高山植物の山と思われているが、基本的には亜高山性の針葉樹アオモリトドマツが山を支配している。トドマツの枝は、冬の西風を受ける面は折れて存在せず、反対側は、風になびくように伸びている。源太森《げんたもり》の展望台から西方を望むと、黒ぐろとしたアオモリトドマツの森が展開しているが、八幡平山頂から東方を望むと、トドマツの幹肌が白っぽく、むき出しにみえる。枝のない幹面が白くみえるからである。林縁の木々は、風に傷ついていることがわかる。

森全体は耐風構造になっている。トドマツは、風あたりのつよい場所では背が低く、風あたりのよわい凹地では高く伸びている。そんななかで、ある木が伸びすぎて突出すると、梢は風でたたかれ、衰弱し、キクイムシに侵されて枯死することになる。

私たちは、山頂付近のアオモリトドマツの森のなかを一周した。いたるところで、枯死して樹皮が剥げ落ち、白骨化しているトドマツをみた。亜高山針葉樹林では、白骨化した枯れ木の存在は、ごくふつうにみられる自然現象なのである。

枯れ木に近づいて観察すると、樹皮に直径二ミリほどの、小さい穴がたくさんみられた。これは、トドマツキクイの新成虫が脱出した孔である。樹皮を剥いでみると、樹皮の裏側と材の表面に、いちめん、細い横筋が刻まれていた。これは、トドマツキクイの母孔である。

トドマツキクイ（体長三ミリの甲虫）の雌虫は、衰弱したトドマツの樹皮に穴をあけて、樹皮下に潜入する。樹皮の裏面に水平方向に筋状の孔道（母孔）をほり、孔道の両側に卵を一粒ずつ産みつけていく。孵化《ふか》した幼虫（白いうじ）は、樹皮の甘皮部分を、上下方向に食い進み、その先端で蛹になり、新成虫となって、樹皮を食い破って外界に脱出する。このような、トドマツキクイの潜入・産卵・食害行動の結果、樹皮の裏側と材の表面に、独特の食痕が残ることになる。

トドマツキクイは、健康な木を侵すことはないが、よわった木に侵入し、これを枯らす。亜高山帯のアオモリトドマツは、高齢になれば、強風にさらされて衰弱し、トドマツキクイに侵されて枯死する、という定めのもとに生きている。山頂付近のアオモリトドマツは長生きできないのである（せいぜい一〇〇年くらい、というデータがある）。

キクイムシによって枯らされたアオモリトドマツは、今度は、ヒメハナカミキリの繁殖木になる。ヒメハナカミキリの幼虫は枯れた木の材部を食べる。

樹と虫のメルヘン

枯れたブナの老木に、いろいろなカミキリムシが寄生し、枯れ木を分解していく。そんなカミキリムシを餌にする小さなハチがいる。最終的に、枯れ木のセルロースやリグニンを分解して土にもどすのは、キノコ、とくにサルノコシカケの仕事である。そんなキノコを餌にしているキノコムシもいる。

亜高山帯の、つよい西風でよわったアオモリトドマツは、トドマツキクイに寄生される。トドマツは、樹皮がキクイムシの幼虫に食べられ、枯れていく。枯れたトドマツの材部は、今度は、ヒメハナカミキリの幼虫に粉砕され、分解されていく。そのヒメハナカミキリの成虫に栄養を提供しているのは、オガラバナという、地味なカエデである。オガラバナも、トドマツの枯れ木分解劇に関与しているのである。

アオモリトドマツの枯れ木の材面に刻まれたトドマツキクイの食痕（母孔）　トドマツキクイが樹皮下に侵入し、産卵のために水平方向に孔道を掘り進み、孔道の両側に卵を産んでいく（八幡平にて、写真撮影：曽根田和子）。

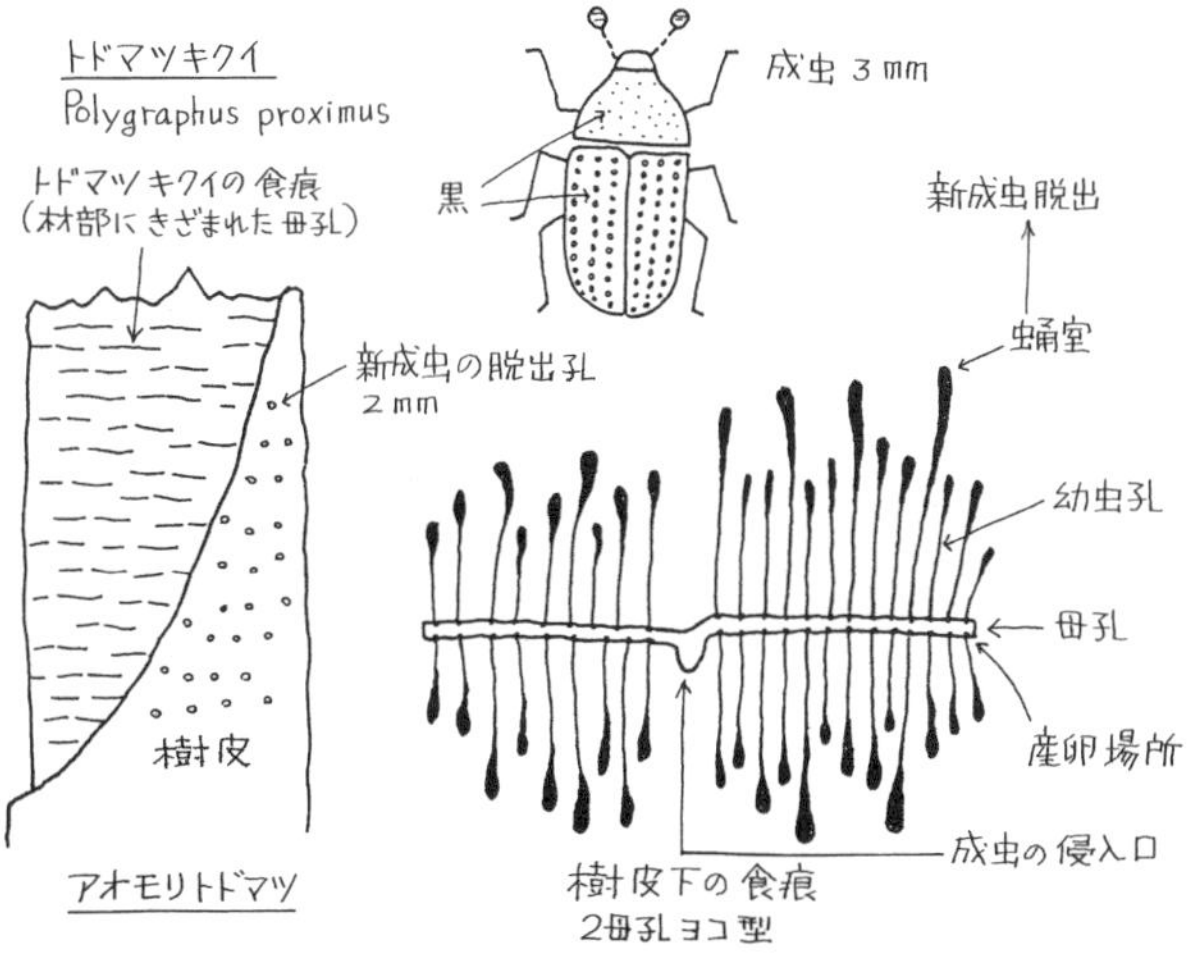

トドマツキクイと母孔・幼虫孔　幼虫は母孔から上下の方向に樹皮の甘皮部分を食い進み、先端で蛹となる。

枯れたアオモリトドマツの傘の下では、すでにアオモリトドマツの若木がスタンバイしている。なかには、若木といっても、五〇年も、じっとスタンバイしている木もあるという。

枯れたブナの老木の下では、ブナのほか、さまざまな広葉樹が実生してくるのをみた（3章参照）。枯れ木の分解劇は、森の再生の始まりでもある。分解・再生劇には、いろいろな生きものがかかわりあって、物語を多様で、おもしろいものにしている。

そんな、森の分解・再生劇をまのあたりみて、森林教室のみなさんは、夢中になって写真を撮っている。みんな、興奮と感動にひたっている。なにが、かの女たち（私の講座には年配の女性が多い）を興奮させるのか、ちょっと説明しがたいが、いままで、ただの木々の集団、と思っていた森のなかで、さまざまな「命のいとなみ」が演じられていることを知って、それが、感動を呼ぶのではないか、と思う。

8章　日本特産種を考える

—コマドリとアオゲラ—

(1) コマドリ物語　—日本列島へ逃避行—

屋久島でコマドリの囀りを聞く

はじめて屋久島を探訪したのは、もう二五年以上も前のことになる。作家・幸田文《あや》さんのお供で、屋久杉の森を歩いた。そのときは、スギのことばかり考えて歩いていた。二回目は、NHK文化センター仙台教室の生徒さんを引き連れての、屋久杉ガイドだった。屋久杉のガイドをしながら、私自身は、森の下層植生の異常さに関心がむいていた。どれもこれも、毒樹なのである。その原因がシカにあることに気づいた。

そして今回は、Ａ・トラベル企画のトレッキング・ツアーである。参加者は、関東以西の人が多かった。みなさんには、毒樹とシカの話をしながら、私自身は、コマドリとアオゲラのことが気になっていた。屋久島って、来るたびに、おもしろい顔をみせてくれる。なんと、魅惑に満ちた島であることよ。

時は、平成十四年五月上旬であった。その日は、青空もみえて、まずまずの天気だった。淀川小屋への山道は、比較的平坦な森のなかをゆく。樹木は、モミ、ツガ、スギの針葉樹が中心で、そのなかに、ヒメシャラ、ヤマグルマ、ハリギリなどの広葉樹が混生していた。木々はでっかく、枝や幹は苔《こけ》むしていて、原生林としての風格があった。この針広混交林のなかで、コマドリがしきりに鳴いていた。こんなに、コマドリの囀《さえず》りを聞いたのは、はじめてだった。

コマドリは、本州では亜高山帯針葉樹林（シラベ・オオシラビソ・コメツガ・トウヒ）の鳥である。はじめてコマドリの鳴き声を認識したのは、大学一年、夏休み前の樹木学実習で、奥秩父の雁坂《かりさか》峠に登ったときだった。峠近くのシラベの森でコマドリの美しい囀りを聞いた。助手の先生が、コマドリであることを教えてくれた。

コマドリは、亜高山帯の鳥で、それに数も多くはない。だから今回、南の島・屋久島でコマドリの声を聞いたとき、最初は、少し変な気がした。

淀川小屋あたりは、標高約一〇〇〇メートル、本州の亜高山帯と比較すると、標高は足りないものの、モミ、ツガ、スギの針葉樹はでっかく、花崗岩の上を流れる淀川の水は青く澄み、森はたっぷり湿気を含んでいた。屋久島にコマドリが生息する、ということは、屋久島には、亜高山帯の針葉樹林に似た環境がそなわっていることを示している。

コマドリの、涼しい囀りを聞いていて、そのことに気づいた。その夜のミーティングでは、コマドリと針葉樹林の話となった。

コマドリの分布

屋久島の自然ガイドブックをしらべてみると、屋久島のコマドリは本州のコマドリの亜種とある。ヤクシマコマドリと呼ばれている。では、日本列島のコマドリの分布はどうなっているのだろうか。

家に帰って、高野伸二『フィールドガイド　日本の野鳥』をしらべてみた。コマドリは、カラフト・北海道から九州まで分布し、屋久島が南限になっていた。おおまかにみると、中部以北は連続分布になっているが、近畿以西では、中国・四国・九州の一部に隔離分布している。これは、近畿以西では、亜高山帯針葉樹林が局所的にしか存在しないからである。九州にはシラベもトウヒも存在しないが、久住《くじゅう》・霧島《きりしま》の山には、それに代わるものとして、モミ・ツガの針葉樹林が発達している。

コマドリの分布図を描きながら、ひとつ、変なことに気づいた。コマドリは、中国大陸では繁殖していないのである。コマドリは、亜高山帯針葉樹林の鳥、と書いたが、中国大陸にも、日本の亜高山帯針葉樹林とおなじ形態の針葉樹林が存在する。東北三省あるいは四川・雲南の山岳地帯には、トウヒ・モミ属の針葉樹林が存在する。たとえば、雲南省玉竜雪山《ユーロンシュエ》の雲杉坪《ウンサンピン》には、日本の大台ケ原のトウヒ林によく似たレイコウトウヒの森がある。にもかかわらず、コマドリは生息していない。

私は、前著『森と樹と蝶と』に、「日本特産種物語」という副題をつけた。最近、日本特産の生きものに、おおいに興味を感じているのである。今回、コマドリも日本列島特産の鳥らしいことを知った。俄然《がぜん》、興味が湧いてきた。では、どんな理由から、コマドリは、日本列島を唯一の繁殖場所に選んだのだろうか。こんな疑問が私の頭に巣食うようになった。寝ても覚めても、その疑問が頭から離れなくなってきた。

コマドリを助けたササ藪

清棲幸保《きよすす》『日本鳥類大図鑑』をしらべてみた。コマドリは、下生えにササが繁茂する針葉樹林で好んで繁殖する、とある。ササ藪のなかに隠れて営巣しているらしい。この記述は、前述の疑問を解くうえで、重要なヒントを与えてくれた。

ササという植物は、日本列島という風土のなかで誕生した植物である。そして、東北・北海道の亜高山帯はチシマザサの天国になっている。しかし、中国大陸にはササ属は存在しない。矮小化《わいしょう》してササ状になったタケは存在するも、それはごく一部の地域（パンダの生息地域など）だけで、一般的にはササ状タケの繁茂はみられない。大台ケ原のトウヒ林は、下生えにミヤコザサが繁茂しているが、雲杉坪のレイコウトウヒ林では、下生えは芝生のような植生だった。

コマドリは（夏の繁殖期）、日本列島にしか生息しない。それは、亜高山帯針葉樹林とササ藪がセットになって存在するような場所が、世界中でも、日本列島にしか存在しないことを物語っているのではないか。私は、まずこう考えた。

コマドリのかげに、ササという植物の存在がみえてきた。私は、日本特産（日本固有）の生きものをしらべていて、それらの多くが、日本特産のササとつよい結びつきをもって生きていることに気づいていた。いま、コマドリもまた、そんな存在であることを知った。

シチトウコマドリ　―照葉樹林にすむなぞ―

コマドリの分布をしらべていて、屋久島以外にもう一か所、変な場所が存在することに気づいた。それは伊豆七島である。ここにはタネコマドリという、コマドリの亜種が生息している。そしてこの亜種は、針葉樹林ではなく、シイノキの照葉樹林にすんでいる。

これはいったい、なにを意味するのだろうか。コマドリは、もし、その生活をじゃまする者がいなければ、低山帯の広葉樹林でも生活していける、ということを示しているのだろうか。これが、つぎに湧いてきた疑問である。

（注）伊豆七島のコマドリの亜種をタネコマドリと呼ぶのは理解しにくい。本書ではシチトウコマドリと呼ぶことにする。

ヤクシマコマドリとアカヒゲ

伊豆七島のシチトウコマドリが照葉樹林に生息しているのなら、屋久島のヤクシマコマドリも、標高の低いところにあるシイ・カシの照葉樹林にすんでいても、ふしぎではない。しかし実際は、もっと標高の高いところにすんでいて、照葉樹林には降りてこない。

じつは、屋久島の照葉樹林には、コマドリと近い親戚関係にあるアカヒゲという鳥がすんでいる。そこはアカヒゲの支配地である。だからコマドリは照葉樹林には入っていけないのではないか。ヤクシマコマドリのかげに、アカヒゲという鳥の存在がみえてきた。コマドリ属は学名を*Erithacus*《エリサクス》という。アカヒゲの種名は*E. komadori*《エリサクス・コマドリ》、コマドリの種名は*E. akahige*《エリサクス・アカヒゲ》という。命名者のテミンク（Temminck）が、コマドリとアカヒゲをとりちがえてしまったのだ。それほど、両者は近縁な関係にあるといえる。

アカヒゲも日本特産で、南西諸島の照葉樹林にだけ生息している。ではどうして、日本列島の南西諸島にアカヒゲがすみ、屋久島以北の日本列島にコマドリがすむ、という「すみわけ」ができたのだろうか。

伊豆七島のシチトウコマ問題もそうだが、屋久島のコマドリ・アカヒゲ問題を解明するためには、日本列島のコマドリが、どこから、どのルートを通って、日本列島にやってきたのか、そのルーツを明らかにする必要がある。そこで私の思考は、コマドリのルーツ追跡へと進むことになる。

コマドリの日本逃避行

日本列島のコマドリは、ヤクシマコマとシチトウコマを除いて、冬は南に移動する。越冬場所は中国南部であるという。このことから、コマドリの先祖はもともと、中国南部の照葉樹林にすんでいた、という推測が成りたつ。

そして、いつのころか、先祖コマドリの一部は台湾を経由し南西諸島に移住してアカヒゲとなり、一部は東シナ海を経由し日本列島北部へ移住してコマドリとなる。移住した時代は、おそらく、琉球列島が大陸とつながり、東シナ海も陸地であったころだろう。私はこのように推理する。

野鳥の多くは渡りをする。それはつぎのような理由による。

緯度の高い地域は、夏は、日照時間が長くなり、植物はよく茂り、植物を餌としている昆虫も一気に増殖する。野鳥にとっては、豊富な餌にありつける。雛を育てるには、高緯度地域のほうが有利となる。だから野鳥は、夏、北へ移動する。反対に、冬は、暖かい低緯度地域のほうが生活しやすい。だから冬は南へ移動する。この移動のくり返しが習慣となって、渡りという行動が形成された。一般的には、このような説明がされている。

しかしコマドリの場合、それだけではないような気がする。コマドリは、どうも、人みしり（鳥みしり）する、喧嘩のよわい鳥のようにみえる。先祖コマドリは、もともと、中国南部の照葉樹林で生活していたが、なにものかによって繁殖場所が侵略されたのではないか、と私はみている。先祖コマドリは、ふるさとを追われ、新しい生活場所を求めて、一部は南西諸島へ、別の一部は九州以北の日本列島へ、逃避してきたのではないか。

南西諸島は、のち、大陸と切れる。おかげでアカヒゲは、留鳥として、南西諸島に安住することができるようになった。

一方、日本列島の北部に移住したコマドリは、照葉樹林から離れ、うるさいものがいない亜高山帯の針葉樹林帯にまで逃げていった。そして、林床《りんしょう》に繁茂するチシマザサの植生に助けられて、やっと安住の地をみつけた。ササ藪のなかで生活する鳥はウグイスぐらいである。ウグイスも、人みしりする鳥である。他人の生活をじゃまするような鳥ではない。コマドリは、そこが気にいった。

日本本土に逃げてきたコマドリのなかには、亜高山帯に登らず、伊豆七島の照葉樹林に入りこんだ一群がいる。照葉樹林は、コマドリのふるさとの森とおなじだから、コマドリにとって違和感はない。

ところが伊豆七島は、第三紀の末期から第四紀の初頭にかけて（鮮新世～更新世）、つまり、いまから三〇〇～二〇〇万年前、氷河期がくる直前、本土から切れ、海のなかの島群となる（2章参照）。そしてそのころ、すでに伊豆七島に入っていたコマドリは、本土から隔離されることになる。これは、コマドリに

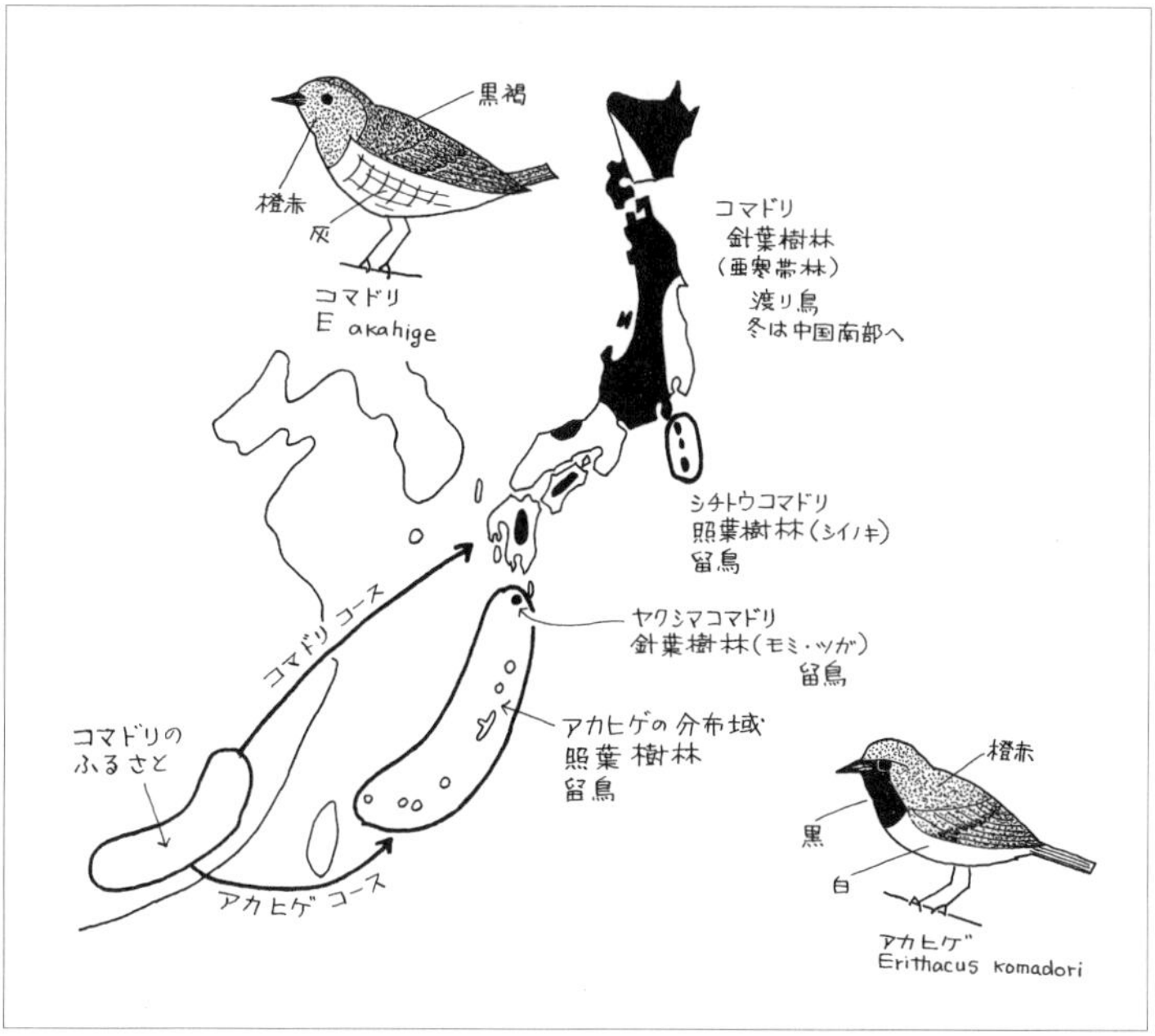

コマドリとアカヒゲの別れ道　ふるさと中国から、ひとつのグループは、台湾を経由して南西諸島へ逃げてアカヒゲとなり、もうひとつのグループは、東シナ海を通って北日本へ移住し、さらに亜高山帯に逃れてコマドリとなった。

とっては幸運なことだった。恐ろしい強敵がやってこなくなったからだ。伊豆七島に入ったコマドリは、冬の渡りをすることもなく、留鳥として、本土のコマドリ群と隔離状態で生活しているうちに、シチトウコマドリという亜種に発展していった。

ブナの森は嫌い？

コマドリは、亜高山帯針葉樹林の鳥である。これは事実だから、そのことに疑問を感じる人はいないだろう。しかし、伊豆七島のコマドリが照葉樹林で生活している、という事実を知ってみれば、本土のコマドリはなぜ亜高山帯針葉樹林なのか、という疑問が湧いてくる。またおなじく、なぜブナの森ではダメなのか、という疑問も出てくる。

そこで、コマドリにとっては、おせっかいな話かもしれないが、なぜブナの森が嫌いなのか、その理由を勝手に考えてみた。

前述のように、先祖コマドリは、中国南部の照葉樹林を出て日本への旅に出る。そしてまず到着した森は冷温帯のブナの森だったろう。ブナ帯にはブナ・ミズナラの落葉広葉樹林が広がっている。そしてその森には、コマドリと生活型のよく似たコルリが勢力を張っている。

コルリ（*Erithacus cyane*）は、ツグミ科コマドリ属にぞくし、地上に営巣し、ササの密生するところを好む。生活習性はコマドリとよく似ている。両者は共存できそうにない。コマドリは、コルリとの競争を避けたのではないか。あるいは、さきに定着したのはコマドリで、あとからやってきたコルリに追い出された、ということも考えられる。

ブナ・ミズナラの森には、そのほかにも、生活型の似た鳥が多種類生息している。トラツグミ、クロツグミ、アカハラ（以上ツグミ科）などは、樹上営巣者だが、餌（ミミズなど）は共通で、コマドリにとっては餌採りの競争相手となる。オオルリはヒタキ科で、採餌物は異なるが、営巣が地上で、やはりコマドリにとっては場所とり争いの相手となる。クロジ（ホオジロ科）は、ブナ帯の上部、ササの密生したブナ林によく出現するが、この鳥も気になる。ブナ・ミズナラの落葉広葉樹林には、コマドリと生活型の似た鳥が多種類いて、勢力を張っている。人みしりのはげしいコマドリは、こんな鳥たちを敬遠したのではないだろうか。

ブナの森には、もうひとつ、コマドリにとって気になることがある。明るすぎるのだ。ブナの森は、落葉樹の森で光に満ちている。とくにブナの葉は、光をよく通し、若葉の森は黄緑色にさわやかに輝く。コマドリのふるさと中国南部の森は照葉樹林である。常緑樹の繁茂する森で隠れるように生活していたコマドリにとって、ブナの森は明るすぎるのである。コマドリの気持ちになって、いろいろなことを考えていたら、このブナの明るさが、コマドリが嫌った、もっとも大きい理由ではないか、と思えてきた。

亜高山帯針葉樹林に安住

コマドリがつぎに到着したのは、亜高山帯の針葉樹林である。では、亜高山針葉樹林ではコマドリは安泰なのだろうか。この森は、シラベ、オオシラビソ、コメツガの針葉樹からなり、ときにトウヒも混じる。これらは常緑で、ブナの森ほど明るくはない。適当に暗いから、なんとなく安心できる。問題は住人である。ウグイスはひかえめな性格で、これは気にならない。それ以外で、コマドリと生活型の似た鳥といえば、ルリビタキとメボソムシクイがあげられる。

ルリビタキはツグミ科にぞくし、本州ではシラベ・オオシラビソ・コメツガの、北海道ではトドマツ・エゾマツの、亜高山帯針葉樹林に生息する。北海道ではとくに個体数は多いという。雄鳥は、見通しのよい高木の梢でよく囀る。人みしりしない、活発な鳥らしい。暗いところに、隠れるように生活するコマドリなどは、あまり気にしていない鳥のようにみえる。

メボソムシクイはウグイス科にぞくする。繁殖場所は、やはり亜高山帯の針葉樹林であるが、深い森より、背の低い、明るい林に好んで出現する。だから、亜高山帯といっても、山頂部に近いほうにすむ。これは、コマドリの好みとは異なる。

コマドリにとっては、この二種の鳥の行動はおおいに気になる。とくに、おなじツグミ科のルリビタキとは、つよい競争関係にあるのではないか、と思う。コマドリは、針葉樹林でも、下生えにササ群落が密生するところに生活している。囀る場所も、林内の倒木の上などで、高木の梢で囀ることはない。コマドリが、ササの密生地を好み、高木の梢に出てこないのは、ルリビタキをつよく意識しているからではないか。私はそうみている。

いずれにしても、亜高山帯針葉樹林には、ブナ林ほど鳥種が多くないから、コマドリは、ルリビタキやメボソムシクイと生活場所をすみわけながら、生きていく方法をみつけることができたようだ。そんな状況のなかで、コマドリを助けたのは、なんといっても、チシマザサの存在だろう。

ひるがえって、伊豆諸島のシチトウコマドリと、屋久島のヤクシマコマドリを考えてみる。シチトウコマが照葉樹林のなかで、ヤクシマコマが針葉樹林のなかで、安心して生活できるのは、繁殖期に強力な競争相手が存在しないからではないか、と思う。

冬も大きな問題はない。島のコマドリは南へ渡らない。伊豆諸島は冬でも暖かい。屋久島のヤクシマコマは、冬は、針葉樹林帯から降りて、カシ・シイの照葉樹林で越冬していると思う。そこは、アカヒゲの領地ではあっても、冬は、子育てのための餌採り争いもないので、のんびり、共存できるのであろう。

疑問あり、大台ケ原のコマドリ

高野の図鑑を参考にして、コマドリの日本分布図を描いていて、一か所、納得できないところがあった。それは、紀伊半島がコマドリの空白地帯になっていることである。

大台ケ原は、むかしから、「吉野駒」の産地として有名である。菅沼・鶴田『大台ケ原・大杉谷の自然』にも、トウヒの原生林と「吉野駒」の話が出ている。最初は高野のミス?と思ったが、『フィールドガイド日本の野鳥』が出版されたのは一九八二年、そのころ、大台ケ原はシカ害がはげしく、トウヒ林が大きく破壊されていたらしい。それが原因で、コマドリは生息できなくなっていた、という疑いもある。もしそうなら、一大事だ。現在、大台ケ原には、コマドリがいるのか、いないのか、現地へ行って確認してこなくてはならない。

五十数年もむかしの話、大学受験に失敗して浪人生活を送っていたとき、一度だけ、近鉄旅行会に参加して、大台ケ原に登ったことがある。針葉樹林のなかで涼しげな野鳥の囀り（コマドリ?）を聞いた。そのころ私は、大学に行ってなにを勉強したいのか、迷っていた。その探し求めていたものが、大台ケ原にあった。それがきっかけとなって、私は森の学問──林学──を専攻することに決めた。大台ケ原は、それ以来、ごぶさたしている。もう齢《とし》をとって山歩きも困難になってきたが、いまは大台ケ原の頂上まで車で行けるというから、もういちど訪ねて、コマドリの消息を確認してこよう。そして、帰りは大阪に寄って、まだ済ませていない母の墓参りもしてこよう。コマドリ物語を書きながら、私はいま、そんな気持ちになっている。

（2）アオゲラ物語　―提案・日本自然遺産種―

アオゲラ対ヤマゲラ

屋久島・白谷雲水峡《しらたにうんすいきょう》の森は、ウラジロガシ、アカガシ、ホソバタブ、イスノキなどの照葉樹が中心で、そのなかにスギやモミやツガのでっかい針葉樹が点在するという、針広混交の森だった。ヤクスギランドにくらべると、照葉樹の勢力がつよい。ちょうど、照葉樹たちが若葉を展開してくる季節で、それぞれの樹種が独自の色を出して自己の存在をアピールしていた。渓谷にかかった橋から谷をみわたすと、山肌は、さまざまな濃淡の萌黄《もえぎ》色に染められて、とても美しかった。

森のなかの山道をのんびり登っていくと、キョッ、キョッ、というキツツキの声がする。体は緑色で、頭頂の赤斑が目立つ。アオゲラの雄だった。アオゲラは、われわれの行く手を案内するかのように、先へ先へと移動していく。キツツキという生きものは、なんとなく剽軽《ひょうきん》で、愉快な存在だね。おかげでわれわれは、しばらく楽しいおもいをさせてもらった。

家に帰って野鳥図鑑をしらべてみた。アオゲラは本州・四国・九州に分布し、屋久島がその南限になっていた。日本本土特産の生きものだった。学名も、*Picus awokera*《ピクス・アオケラ》という日本名が使われている。命名者は、コマドリとおなじテミンクだった。アオゲラは、南西諸島にも北海道にも生息しない。日本本土のアオゲラは、いったい、どこからやってきたのだろうか。こんな疑問が湧いてきた。

鳥類図鑑をしらべてみると、台湾には、アオゲラの親戚になるヤマゲラが生息している。ヤマゲラというと、私は、北海道に生息するアオゲラの親戚、というていどの認識しかもっていなかったのだが、そのヤマゲラが南西諸島の大陸側の端、台湾にも生息している。ヤマゲラの分布は、いったい、どうなっているのだろうか。アオゲラのみならず、ヤマゲラも、なぞめいた存在にみえてきた。

そこで『世界のキツツキ』(H. Winkler et al : Woodpeckers) やヨーロッパの野鳥図鑑を参考にして、ヤマゲラの世界分布をしらべてみた。ヤマゲラ (*Picus canus*) は、なんと、中国のほぼ全域 (台湾、海南島を含む) から朝鮮半島、ロシアのアムール、シベリアを経由して、ヨーロッパの北部にまで、ユーラシア大陸の北部一帯に広く分布していることがわかった。かなり勢力のつよい種である。その大陸のヤマゲラが、カラフトを経由して、日本列島の北海道にまで勢力を伸ばしてきているのだった。

この分布図をみると、日本のアオゲラは、ヤマゲラに完全に包囲されている。アオゲラは、日本本土特産、というより、日本本土に閉じこめられている、という状況にあるのではないか。ただ、ヤマゲラはまだ、津軽海峡をわたれないでいる。おかげで、アオゲラは日本本土にかろうじて生き残ることができた。私は、日本本土のアオゲラを、このように認識した。

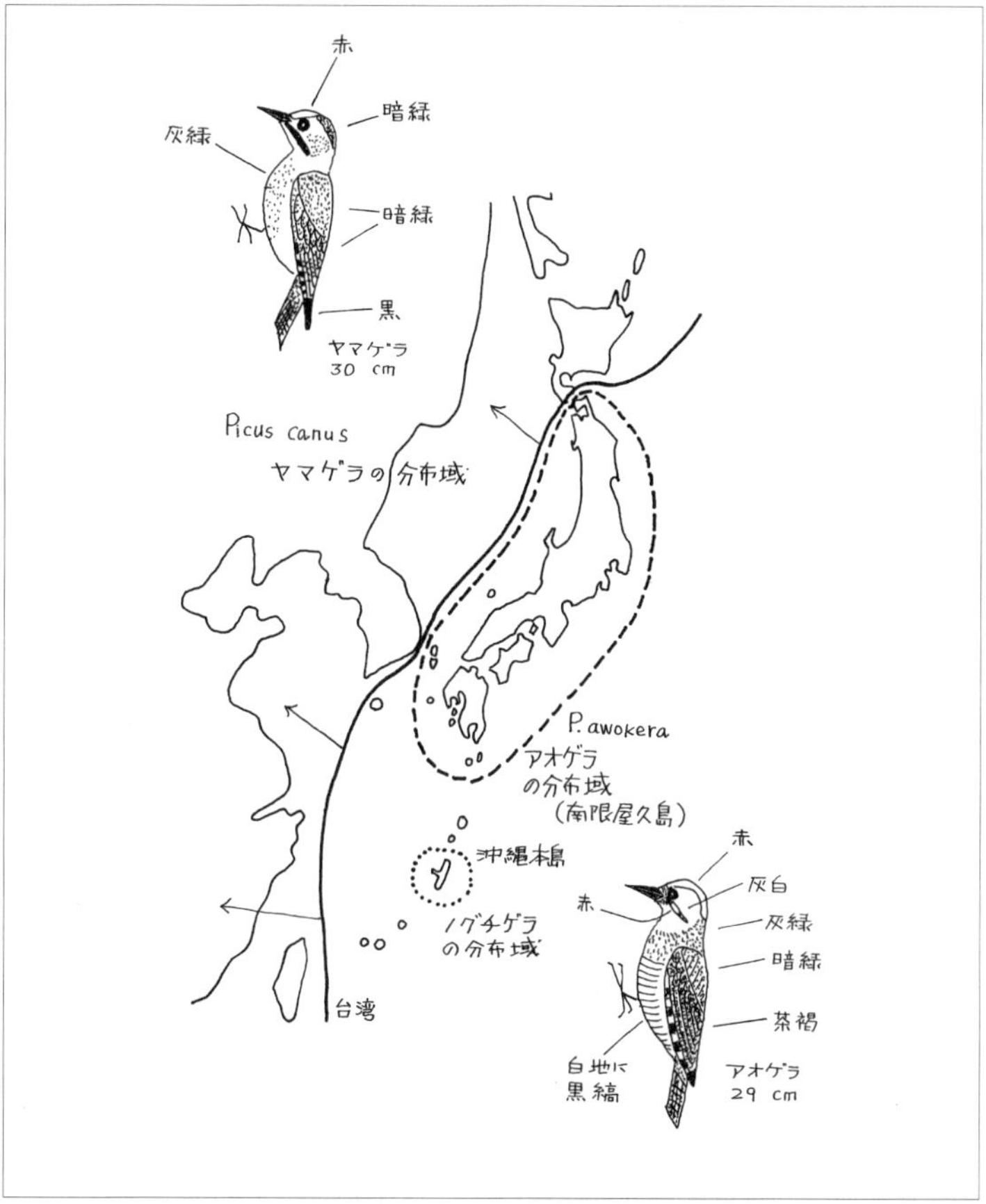

ヤマゲラとアオゲラ、その勢力関係　中国大陸で圧倒的な勢力をほこるヤマゲラも、海にはばまれて日本列島の本土には来られない。そこで、アオゲラは安心して生活できるのかもしれない。

アオゲラの駆け込み寺 ―日本・本州―

ヨーロッパの鳥類図鑑をしらべてみると、ヨーロッパには二種のアオゲラ類が存在していた。ひとつはヤマゲラで、もうひとつはミドリキツツキ（Green《グリーン》 Woodpecker《ウッドペッカー》, *P. viridis*《ピクス・ヴィリディス》）である。ミドリキツツキは、頭部と眼の下に顕著な赤斑がみられる点でアオゲラに似ているが、腹部には黒縞がなく、この点ではヤマゲラに似ている。つまり、アオゲラとヤマゲラの中間的な存在ではないか、と思われる。

ミドリキツツキはヨーロッパの中・南部を占めている。そして、その外側をヤマゲラが包囲している。ヨーロッパのミドリキツツキもまた、その領地をヤマゲラに侵されようとしているのではないか。私には、そうみえる。

日本におけるアオゲラとヤマゲラの関係、および、ヨーロッパにおけるミドリキツツキとヤマゲラの関係、を合わせ考えていて、つぎのようなストーリーが私の頭のなかに浮かんできた。

私はまず、アオゲラを、この三種のなかでは、もっとも原始的な種、と考えた。アオゲラ類のふるさとは、おそらく、熱帯東南アジアの常緑広葉樹林帯だろう。そこには、現在でも、アオゲラ属ではないが、それに近縁の、緑色のキツツキが多種類生息している。

先祖アオゲラは、理由はよくわからないが、ふるさとの東南アジアの森を離れ、北へむかって旅に出た。そして、中国大陸から日本にかけての森林地帯にすみかを設定する。しかしその後から、進化してきたヤマゲラが追ってきて、先祖アオゲラを駆逐する。先祖アオゲラの一部は、ロシアのタイガを経由してヨーロッパに逃げ、その地域の環境に適応してミドリキツツキとなる。

先祖アオゲラの、別の一部は、日本列島に逃げて、海のなかの島国、という環境に適応して、アオゲラとなる。そして幸運なことに、ヤマゲラが追ってきたときは、日本本州は北海道から分離していて、ヤマゲラは日本本州に入ることができなかった。おかげでアオゲラは生き残った。日本本土は、アオゲラの駆け込み寺となった。

日本自然遺産種　—提案—

以上は、私の勝手な推理からの結論なのだが、日本の本州・四国・九州（屋久島まで）は、アオゲラの「駆け込み寺」になっている。日本という風土は、まわりを海でかこまれて、大陸からのさまざまな圧力を排除し、よわい生きものの生存を守っている。アオゲラも、その恩恵を受けている一例といえる。

私は、宮城県鳴子にある大学農場（東北大）に勤務していたとき、二年間、アオゲラと、おなじ屋根の下で暮らしたことがある。アオゲラが私の宿舎の屋根裏をねぐらにしたのである。人なつっこい鳥である（西口『アマチュア森林学のすすめ』）。

アオゲラは、大陸から日本に逃げてきて、日本人に救いを求めている。日本人とともだちになりたがっている。われわれは、この鳥を「日本自然遺産種」（ユネスコの「世界自然遺産」にならって）に指定し、未来に残すべき自然遺産として、長く保護してあげようではないか。それが、日本人の心意気、というものではないか。

われわれは、北海道のウスバキチョウやクマゲラを天然記念物として保護している。しかし、「珍しい」という理由だけで保護するやり方は、論理と知性に欠ける。身のまわりにいる、ごくふつうの種であっても、日本に保護を求めている生きものは、すべて、「日本自然遺産種」にすべきである。この考え方には、「日本という風土に命を託している生きものは、動物も植物も、そして人も、すべて、国家によって保護されなければならない」という論理がある。

「日本自然遺産種」の選定は、専門委員会が行なう。指定された「日本自然遺産種」は、小学校の教科書に載せて、子供たちに教える。身のまわりの、野生の鳥や昆虫のなかにも、日本人とおなじように、日本という国土に生きている仲間がおおぜいいることを知れば、いっそう、日本国を大切に思う心が養われてくるだろう。「日本自然遺産種」の指定は、自然保護だけでなく、教育の問題でもある。

9章　ケショウヤナギとオオイチモンジ

―上高地物語―

(1) ケショウヤナギ　―朝鮮半島をふるさとにもつ樹―

上高地に遊ぶ

ヤナギがみんな、おなじにみえて、なんとなく苦手であった。だから、はじめて上高地を訪ねたときも、ヤナギはこのつぎ、勉強してからな、といいながら、葉を手にすることはなかった。ところが、NHK文化センター仙台教室で「アマチュア森林学」の、泉教室で「趣味の草木学」の講座をもつようになって、ヤナギは知りません、では済まされなくなった。必要に迫られて、最近ようやく、勉強してみるか、という気分になってきた。

いままで、上高地には数回行っている。しかしいずれも、夏の終わりか、秋の紅葉シーズンであった。

まだ、新緑の上高地はみていない。ヤナギの新緑に化粧された梓川《あずさ》は、どんな姿をしているのだろうか。ヤナギが呼んでいる。私は、急に思いたって、仙台発のバスツアー（読売旅行会）に申しこんだ。平成十四年六月上旬のことである。

バスツアーは、車中一泊の、いわば、日帰りの旅である。それも、高速自動車道が完備したおかげだ。仙台を夜たって、東北道・磐越道・北陸道・信越道とつないで、松本で高速を降り、上高地に着いたのは、翌朝の八時ごろだった。

大正池の前で下車。これから四時間ほどかけて、河童橋まで、のんびりと、勝手気ままに歩く予定になっている。大正池はひんやりしていて、ぶるっ、と震えた。あわててアノラックをかぶる。六月に入ったというのに、上高地は冷えるなあ。

大正池ではオシドリの出迎えを受けた。夏に野生のオシドリがみられるなんて、やはり上高地はふつうではない。挨拶がわりに写真を撮る。

池の正面には焼岳《やけだけ》の岩峰が迫ってくる。右前方には、雲間から穂高連峰の稜線がちらちらみえる。おおぜいの人びとが、望遠レンズを構えて、湖や山や森の風景をねらっている。今日は、アマチュア・カメラマンのツアーとぶつかったようだ。

大正池を離れ、樹林のなかの自然研究路を歩く。ムラサキヤシオの紅い花とムシカリの白い花が咲いている。鳴子のブナの森でいえば、五月上旬ごろの季節感だ。しかし、コマドリやメボソムシクイの声が聞こえてきて、ここが亜高山針葉樹林帯の初夏であることがわかる。ウワミズザクラとシウリザクラが、おなじ場所で、穂状の白花を咲かせていたのも、おもしろい。

自然研究路で最初に出迎えてくれたヤナギは、オノエヤナギだった。北方系のヤナギなのだが、仙台の広瀬川ぞいや、鳴子の大学農場にも多い。そのヤナギが、上高地でも大きな群落を形成していることを知

上高地のオシドリ・夏の大正池をゆうゆうと泳いでいる。

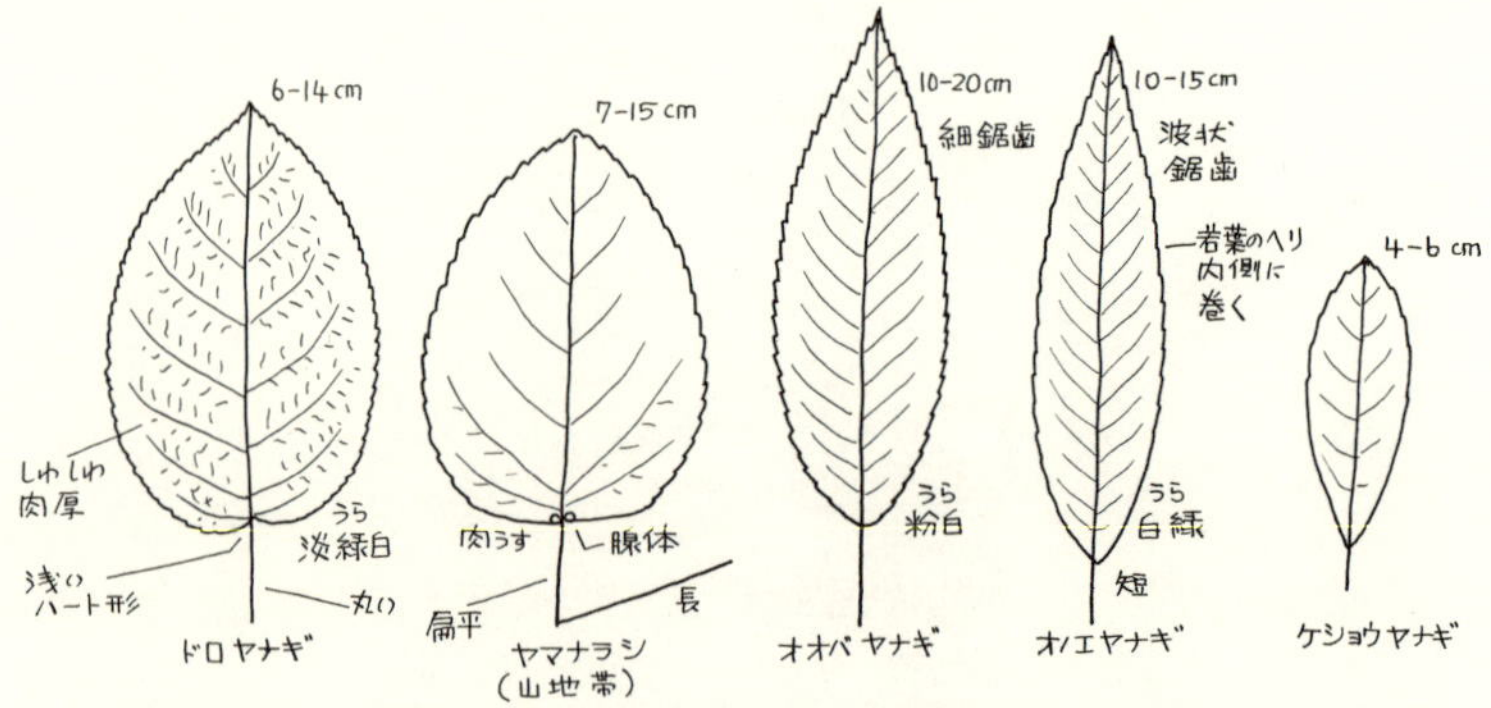

上高地のヤナギ5種　ドロヤナギとヤマナラシはヤマナラシ属に、ケショウヤナギはケショウヤナギ属に、オオバヤナギはオオバヤナギ属に、オノエヤナギはヤナギ属にそれぞれぞくし、葉の形もずいぶんと異なる。

った。

（注）注書は、気がむいたとき、読んでください。

（注）オノエヤナギ *Salix sachalinensis*　中木、樹高五～八メートル。葉長一〇～一五センチ。葉は細長、縁は全縁か低い鋸歯。若葉の縁は内側に巻く傾向あり。上高地ではしばしば、ヤマハンノキと混合群落を形成する。雄花のおしべは二本、花期は五月上～中旬。

田代湿原のまわりは、カラマツの新緑で浅緑に萌えていた。その樹林のむこうに、霞沢《かすみざわ》岳の急峰が峨《が》々《が》としてそびえている。この山は、崩壊がひどく、田代池はどんどん土砂で埋められていく、という。上高地は、激動する自然のなかにある。

針葉樹林のなかを通って河童橋にむかう。トウヒ、ウラジロモミ、カラマツ、サワラに混じって、幹肌がやや赤味をおびたマツがあった。チョウセンゴヨウだった。これは朝鮮半島北部の山岳地帯をふるさとにする樹である。ケショウヤナギもそうだが、朝鮮半島の樹が上高地にあるのは、興味深い。林床《りんしょう》にベニバナイチヤクソウとツバメオモトの花をみる。

針葉樹林をぬけると、梓川に出た。このあたり、川幅がせまくなり、澄んだ水がとうとうと流れていく。このころから、青空が広がり、風景は明るくなってきた。田代橋を渡り、土手にそって歩く。道端でイヌコリヤナギの低木をみる。このヤナギは、鳴子の大学農場の道端にもたくさん生えている。その群落を、奥日光戦場ケ原でみたときは、びっくりした。その道端ヤナギが、亜高山帯の秘境、上高地にも進出している。そのバイタリティには脱帽するが、上高地を俗化していく尖兵のように思われて、心配にもなった。

(注) イヌコリヤナギ *Salix integra*　低木、樹高一～三メートル。葉長三～五センチ、対生ときに互生（ほかのヤナギは互生)。雄花のおしべは一本（葯は二個)、花期は五月中旬。日本列島準特産種（含朝鮮半島)。

川のむこう岸を見ると、ヤナギ類の落葉広葉樹林が広がっている。緑色がさわやかである。これが上高地の新緑の色だ。これはケショウヤナギの林らしい。その樹林のさきに大きな山がそびえている。六百山だろうか。上高地は、周囲を高い山やまにかこまれた、谷間の盆状地であることがわかる。

白い花が枝一面に咲いている木があった。ひとつはコリンゴであり、もうひとつはミヤマザクラであった。これは上高地の花だ。コリンゴの花は、奥日光・戦場ケ原でいっぱいみた。しかし、ミヤマザクラの花は、しっかりみたことがなかった。図鑑には、花は白で、七、八個、総状に立って咲く、とある。今回はそれが確認できて、よい収穫になった。

川原に、葉が細くて小さいヤナギの大木があった。川原に降りて確認してみた。幹肌は黒っぽく、やや深い縦溝がたくさん走っている。ケショウヤナギだった。新梢が白く化粧する時期は終わり、新緑の季節

ミヤマザクラ　白い花が7、8個、総状の花序について咲く（上高地にて）。

になっていた。ほかのヤナギにくらべると、葉はかなり小さいので、樹種識別の目安となる。少し離れてみると、ひとつひとつの葉が緑点となり、それで樹冠全体が浅緑色の「ぼかし絵」のようにみえる。それが、なかなかいい風情を醸し出している。焼岳を背景にしてケショウヤナギを撮る。

（注）ケショウヤナギ *Chosenia arbutifolia* 落葉高木、樹高二〇メートル。葉長四〜七センチ（ヤナギの仲間ではもっとも小さい）。雄花のおしべは五本。雄花の花穂は長く垂れ下がる。これは風媒花の一般的なスタイルである（風で花穂を揺らして花粉を遠くへ飛散させる作戦）。花は四月下旬〜五月上旬、葉の展開と同時に咲く。

梓川ぞいの歩道の山側は、やや湿った平坦地になっていて、そこにドロヤナギの林分をみた。幹はすらりと高く伸び、肌は比較的なめらかで、暗灰色である。それに、葉は、まるくて大きいから、ケショウヤナギ（幹肌は黒っぽい）とは容易に区別できる。河童橋は、ケショウヤナギの浅緑で飾られていた。吊り橋のうえに張りだしたケショウヤナギの、太くて黒っぽい枝のすき間に、穂高の峰みねの残雪が光っていた。

これだ！　上高地の初夏の風景を無類のものにしているのは、背景にそびえる穂高連峰の残雪の「白」、川原のケショウヤナギ群落の葉群のぼかし絵のような「緑」、両者を結ぶ梓川の透きとおるような「青」、この三者の混合作用によるものだ。私は、そう感じた。その感じを、イメージとして表現してみたのが、次のページの図である。

（注）ドロヤナギ *Populus maximowiczii* 別名ドロノキ（以後この樹名を使う）。ケショウヤナギやオノエヤナギ（ヤナギ亜科）とは、形態上、大きなちがいがある。冬芽をカバーする鱗片の数が五〜一〇枚もある（ヤナギ亜科は一枚、二枚がゆ着して一枚の帽子状になるものも多い）。それで、ヤナギ亜科とは別の、ポプラ亜科として区別されている。落葉高木、樹高一五〜二〇メートル。幹はすらりと伸びて堂々たる高木。葉は広楕円形、長さ六〜一四センチ、幅三〜九センチ。風媒花で雄花の花穂は垂れる。花期は五月上〜中旬。雄花のおしべはきわめて多く（三〇〜四〇本）、苞（縁は線状に切れこんでいる）より突出している。

ケショウヤナギ　――堂々たる風貌のかげに、なぞあり――

ケショウヤナギは、ヤナギ科ケショウヤナギ属（*Chosenia*《チョーセニア》）にぞくする。チョーセニアという属名は、卓越した植物学者・中井猛之進の命名による。かれは、このヤナギを朝鮮半島で発見する。花が風媒であることなど、原始的な性質をいろいろもっており、ヤナギ属（*Salix*《サリックス》）とはかなり性質が異なることから、別の属を設定したのである。

日本では、本州（上高地のみ）と北海道（十勝、北見）の、ごくかぎられた地域に自生している。国外では、朝鮮半島北部、中国東北部、サハリン、シベリア東部、カムチャツカに分布しているという。高橋秀男監修『樹木大図鑑』には、「きわめて原始的なヤナギで、日本のものは、大陸と陸つづきであった時代の遺存か」とある。ケショウヤナギの本拠地は大陸にあり、上高地のケショウヤナギは、大陸の本隊から遠く離れて隔離分布している個体群、ということになる。

ケショウヤナギが、原始的な植物で、分布地域もかぎられているから、私は最初、梓川ぞいに、ひっそりと生きている、小さなヤナギを想像していたのだが、実際に会ってみると、堂々たる風貌の高木で、梓川べりの樹木群落を支配している樹だった。ケショウヤナギの繁栄が確認できると、今度は、ケショウヤナギの存在が「なぞ」めいてみえてきた。私は、このヤナギに三つの疑問を感じている。

第一は、どうして上高地に「隔離分布」なのか、という疑問である。ケショウヤナギが、大陸の本隊から離れて、日本本州の上高地に隔離分布していることは、なにを意味するのだろうか。隔離分布は、滅びゆく生きものの分布様式なのだが、ケショウヤナギも滅びゆく生きものなのだろうか。

第二は、どうして、「上高地」なのか、という疑問である。梓川以外でも、亜高山帯の川であれば、ケショウヤナギが存在していてもふしぎではないのに、ケショウヤナギが生き残っているのは、本州では上高地の一か所だけである。それはなぜか、という疑問である。

第三は、ケショウヤナギは原始的なヤナギと考えられているが、このヤナギが、どこで生まれ、どのようにして日本にやってきたか、そのルーツに関する疑問である。

第一と第三の疑問は、ヤナギ科の進化にもかかわってくる問題である。これは、いつの日か「ヤナギ物

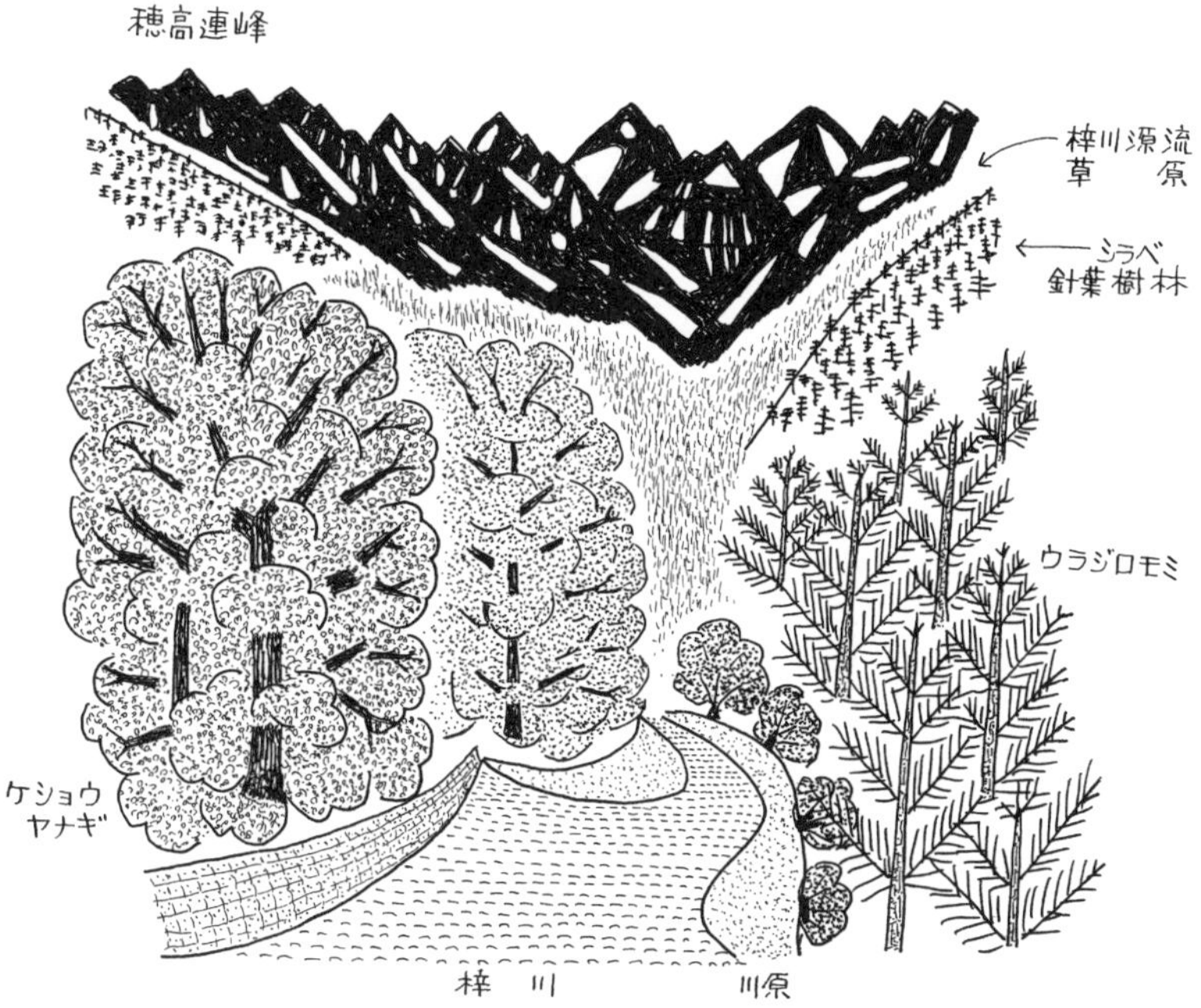

初夏の上高地　背景に輝く穂高連峰の残雪の「白」と、川原のケショウヤナギの群落のぼかし絵のような「緑」とを、梓川の透きとおるような「青」が結び、無類の風景をかもし出している。

語」として、私の考えをまとめたい、と考えている。今回は、第二の疑問に焦点をしぼって、ケショウヤナギの「なぞ」解きに挑戦してみたい、と思う。

ケショウヤナギを守る上高地　—特異な環境—

ケショウヤナギは、本州では上高地にしかみられない。それは、ケショウヤナギが原始的なヤナギで、進化したヤナギ（あるいは生活スタイルがヤナギに似ているほかの樹）に、駆逐されつつあることを示しているのではないか、と思う。隔離分布がそのことを物語っている。

では、ケショウヤナギを圧迫している樹木とは、なにものだろうか。私は、ドロノキを疑っているのだが、確信はない。もしほんとうなら、どうして、そういう事態になったのか、そのわけも気になる。はたして真相はどうなのか。

そんな状況のなかで、上高地ではケショウヤナギは大きな勢力を張っている。それは、どんな理由によるのだろうか。おそらく、上高地という風土が、ほかではみられない、なにか特別な環境条件をもっていて、それが、ドロノキの侵入を拒み、ケショウヤナギの生活を守っているのではないか。私はそう考えたい。

では、上高地がもっている特異な環境条件とは、どんなものなのか。それは、上高地盆地が形成された過程をしらべてみると、わかる。

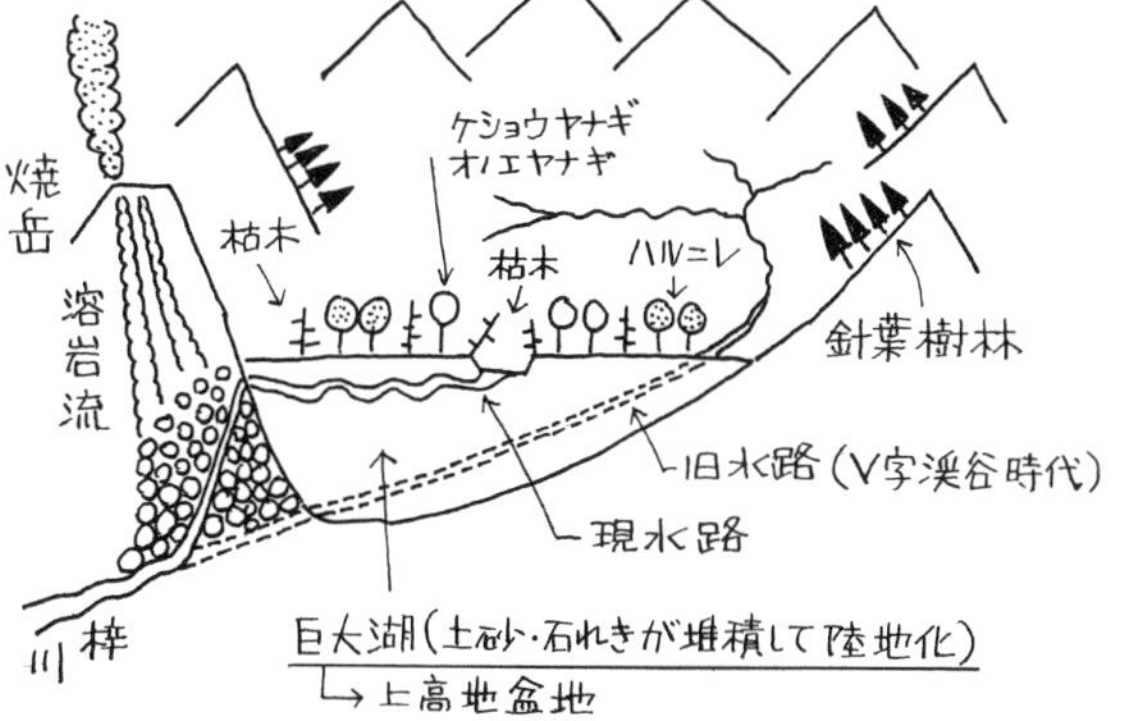

上高地盆地の形成　大正４年の焼岳噴火で流れ出た溶岩流が、梓川をふさぎ、大正池を造った。

上高地の盆状地形成は、北アルプス唯一の活火山、焼岳の存在がかかわっている。大正四（一九一五）年、焼岳は噴火し、溶岩流は梓川を堰き止め、大正池を造る。しかし、梓川源流域の山やまは険しく、もろく、大雨が降るたびに、山肌を削り、土砂を梓川に流しこむ。大正池も、たえず、上流から、あるいはまわりの山やまから、土砂が流入し、池はだんだん陸地化しつつある。

じつは、それよりはるかむかし、いまから数万年あるいは数十万年前、やはり同じようなことがおきていた。上高地の梓川は、もともと、北アルプスのほかの渓谷とおなじように、険しく切り立つV字渓谷だった。焼岳が大噴火して梓川を堰き止め、大正池の何十倍もある（大正池から横尾あたりまで浸水）、でっかい湖ができたらしい。

この湖は、周囲の山やまの山脚部を侵食し、いたるところに崩壊地をつくった。削られた山肌から押し出された土砂・石礫は、湖に流入・堆積して、長い年月のはてに、湖は陸地化し、巨大な盆状台地ができあがった。

このようにして上高地盆地ができた。そして現在、上高地の梓川は、V字渓谷のかたい岩盤を流れるスタイルから、土砂の堆積物からできた軟らかい台地の上を、ゆるやかに蛇行する、優しい川となった。しかしその一方で、上高地盆地を流れる梓川は、大雨が降るたびに、川底が削られ、新しく土砂・石礫が流入・堆積し、流路も変えたりしている。その結果、川原の樹木は、水に浸かり、土砂をかぶり、枯死していく。いまでも、梓川ぞいの、いたるところで、木々の枯死した姿をみる。上高地の風景は「枯れ木の風景」なのである。

この枯れ木の風景こそ、上高地の特異性を示す、その象徴ともいえる。この上高地地形の特異性は、北アルプス唯一の活火山・焼岳によって形成されたものである。焼岳なくして、現在の上高地は存在しない(西口『森林への招待』参照)。

ケショウヤナギのすみか

ケショウヤナギは、激動する上高地の自然のなかに生きている。では、具体的に、上高地のどこに行けば、ケショウヤナギの樹林がみられるのだろうか。一般の観光客が簡単に見られる場所は、河童橋付近の

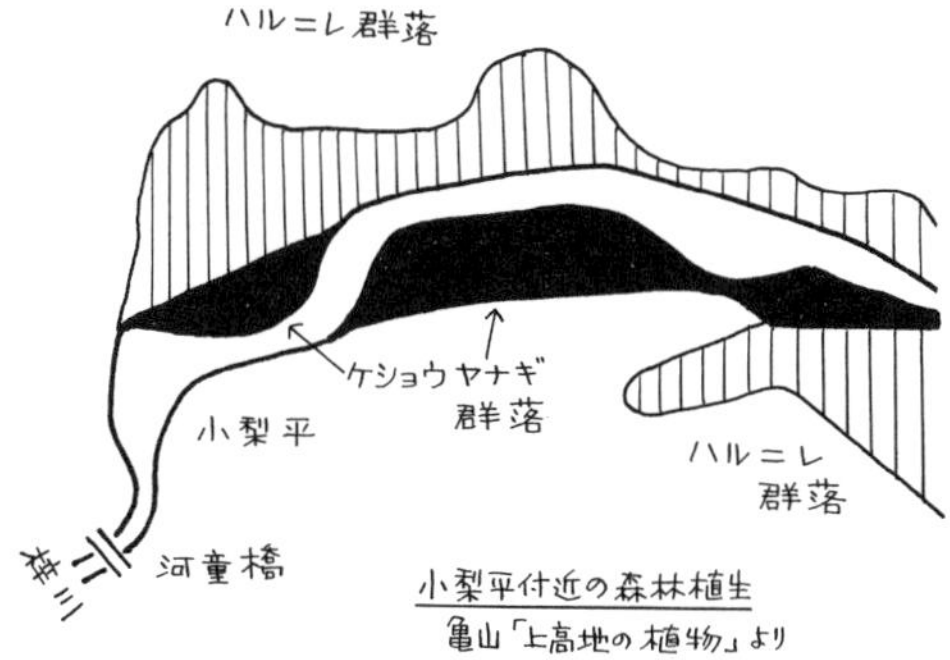

小梨平付近の植生　ケショウヤナギは、おもしろいことに、梓川の流れが急にせばまる地点に生育している。

上流と下流にある。

亀山　章『上高地の植物』には、梓川ぞいの植生図が載っている。それを参考にして、小梨平《こなしだいら》付近と田代橋付近の森林植生を、簡略化して図示してみた。

図上、黒く塗りつぶしてあるところがケショウヤナギ群落のある場所である。

この図を描きながら、ケショウヤナギの生育場所について、おもしろいことに気づいた。いずれも、梓川の流れが急にせばまる地点（河童橋と田代橋）の、すぐ上流にあることである。

(1)　小梨平あたり　―河童橋のすぐ上流域―

小梨平あたりの梓川は、現在は細く蛇行しているが、地図上で梓川とケショウヤナギ林地を一括してみると、そのあたり、むかしは幅広い川と川原であったことがわかる。いまは護岸工事で、梓川とケショウヤナギ林地は分離しているが、むかしは、ケショウヤナギ林地も川原の一部で、そこは、上流からたえず土砂・石礫が流れてきて、堆積していた場所だったことが読みとれる。

なぜ、土砂・石礫が堆積したのだろうか。地図をみると、河童橋がかかっているあたり、川の流れが急に細くなっている。おそらく、基盤はかたい岩盤で、岸辺は川の流れによって削られることがなかったのだろう。川幅が急に細くなるから、その上流は川の流れが停滞し、川幅が広くなり、土砂・石礫が堆積するようになった、と考えられる。そんな場所が、ケショウヤナギのすみかになっているのだ。

なお、梓川にそった両側に、別に、広い面積のハルニレの群落が存在する。ハルニレ林地も、かつては、上流から流れてくる土砂が堆積する場所であったが、いまは、土砂が積もって高台となり、川が氾濫しても水が浸かることのない、安定した場所になっている。そんな場所が、ハルニレのすみかになっているのである。

(2) 田代橋付近

田代橋からすぐ上流域に、ケショウヤナギ群落がみられる。ここも、地図上で梓川とケショウヤナギ林を一括してみると、かつてはそのあたり、土砂・石礫が堆積する、広い川原であったことが読みとれる。川幅が広くなった原因は、田代橋がかかっているあたりで、急に川幅がせまくなっていることに原因がある。

田代橋の下流は、流路がせまいから、水はとうとうと流れていく。このあたり、基盤がしっかりしていて、川水によって岸辺が削られることはなかったのだろう。おそらく基盤は、かつてのV字渓谷時代の岩

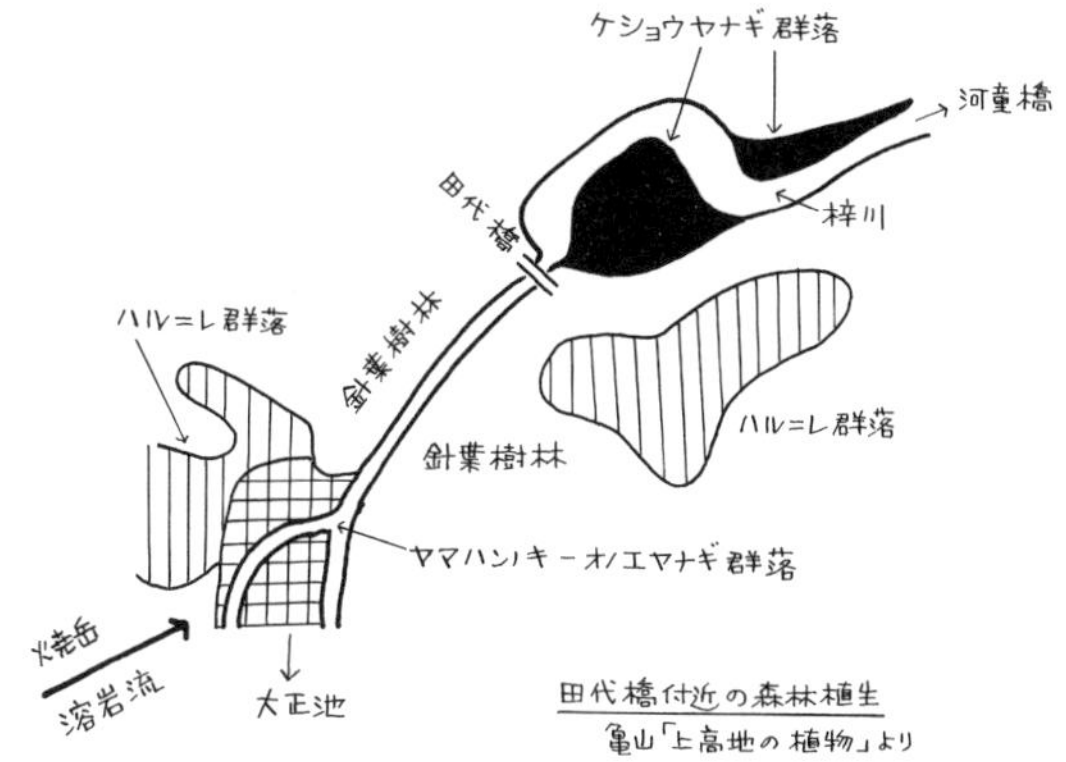

田代橋付近の森林植生　河童橋の方向から流れ下ってきた梓川は、田代橋の上流で、急に川幅を広げ、川原には、ケショウヤナギの群落が形成されている。

盤ではないか、と思う。このあたりの樹林は、ウラジロモミ、トウヒ、カラマツの針葉樹で構成されているが、針葉樹林は、岩盤地帯に出現してくる植生なのである。

田代橋から細くなった梓川は、大正池手前で、また川幅が広くなる。そうなると、川はゆっくり流れ、川原もできるから、そこにまたケショウヤナギ林が形成されるはず、と思いきや、そこに生じたのは、ヤマハンノキ—オノエヤナギ群落だった。これは、なにを意味するのだろうか。

じつはこの地点は、焼岳からの噴火溶岩流が梓川に流れこんできた場所なのである。川床は溶岩の岩盤からできている。だから安定している。それは、ケショウヤナギが好む川の構造ではない。そんな川原を支配したのがヤマハンノキとオノエヤナギ、というわけである。上高地でもケショウヤナギの林分がみられるのは、田代橋より上流なのである。

(3) 梓川の最源流域

そう気がついて、梓川の源流域を地図でしらべてみると、明神《みょうじん》から徳沢《とくさわ》あたりでも、川幅が急にせまくなった地点の上流に、ケショウヤナギの大きな群落がみられる。

ここで、梓川の源流域の地形図を、もっとワイドに眺めてみると、このあたり、西に穂高連峰、北に大天井・東天井、東に常念・蝶・大滝の、高い山やまにかこまれた、天然の盆状地形になっている。梓川源流域は、まわりの山やまから流出してくる土砂・石礫が集まってくる地形になっている。このような、たえず、新しい土砂・石礫が供給される地形構造こそ、ケショウヤナギの生存を支える重要な仕組み、といえる。

ケショウヤナギの存在する場所は、まわりに、残雪をいただいた高い山やまが、すぐ目の前にみえる場所である。梓川をずっと下ると、むかしのV字渓谷となり、そこからはもう、高い山やまはみえなくなる。そうなると、ケショウヤナギもなくなる。上高地の風景の特色は、まさに、梓川とケショウヤナギと目前にそびえる高い山波、の三点セットにある。

ケショウヤナギとドロノキの対立 ―上高地では共存―

ケショウヤナギとドロノキは対立関係にある。想像をたくましくすれば、日本列島のケショウヤナギはドロノキに滅ぼされてしまったのではないか。しかし幸運なことに、上高地では、ケショウヤナギのほうが優位を保っている。

では、上高地で両者が共存していけるのは、なぜか。上高地のケショウヤナギとドロノキの関係については、私は、なんとなくつかみきれなくて、モヤモヤしたものを感じていたのだが、そのとき、まことにタイミングよく、一冊の本が送られてきた。崎尾均・山本福寿（編）『水辺林の生態学』という本であった。東北大学農場時代の私の教え子で、いまは北海道大学で助教授をしているFさんが、その本の執筆者のひとり（湿地林担当）になっていて、本を送ってくれたのだ。

その本には、上高地の河畔林《かはんりん》についても、いろいろ書いてあり、たいへん参考になった。その要点を抜き書きすれば、左記のようになる。

①（一般論として）山地帯から亜高山帯にかけての、しばしば水が氾濫するような、不安定な川べりは、オオバヤナギ―ドロノキ群落が形成される。その群落の樹種構成は、高木層にドロノキ・ヤマハンノキ、オオバヤナギが優占し、オノエヤナギ、シロヤナギが混交する。

②上高地の梓川べりでは、ケショウヤナギ群落が先駆的に一斉林を形成するが、ケショウヤナギが高木となり、林分の立地が安定してくると、オオバヤナギ―ドロノキ群落に遷移する。（西口：つまり、現在はケショウヤナギが勢力を張っている場所でも、将来はドロノキの林分になるかもしれない）。

③土砂・石礫が流入・堆積して、川原に新しく裸地ができると、ケショウヤナギ、エゾヤナギ、ヤマハンノキ、ドロノキなどの陽樹が侵入してくるが、ケショウヤナギは無機的な通気性のよい土壌に、ドロノキは有機質の豊富なところに定着する。（西口：ケショウヤナギとドロノキは、一種の共存的

「すみわけ」をやっているらしい。）

④　ケショウヤナギは、河川の流路がよく変わり、しばしば川床部分が破壊されるような、つまり、たえず「河川の撹乱」がある川原で、個体群は維持される。（西口：ケショウヤナギは、いうなれば、「流浪の民」である。）

（注）オオバヤナギ *Toisusu urbaniana* 落葉高木、樹高一五メートル。幹肌は黒い。葉は長楕円形、長大（葉長は一〇〜二〇センチ、幅三〜六センチ）。雄花のおしべは五〜一〇本。花に蜜腺がある。虫媒花である。にもかかわらず、雄花の花穂は垂れている。風媒花から虫媒花への、移行の途中にあるらしい。開花は葉が展開してからである（五〜六月）。オオバヤナギは、虫媒花であるが、いろいろな点でケショウヤナギに似ている、という。日本列島特産（含千島）。

この本を読んで、ケショウヤナギとドロノキが対立関係にあること、しかし、上高地では、微妙な共存関係にあることがわかった。それを、私なりに解釈して表現すると、つぎのようになる。

ケショウヤナギとドロノキは、どちらも第一級の陽樹で、日のよくあたる、川原の裸地に好んで出現するが、ケショウヤナギにとっては、川原の撹乱が常時発生することが生存にとっての不可欠の条件で、川原が安定するとドロノキにとって替わられる、というよわさを抱えている。

現在、上高地でケショウヤナギが勢力を維持していけるのは、まさに、梓川の「常時撹乱」があるからだ、といえる。ケショウヤナギが上高地にしか自生していないのは、梓川のような「常時撹乱」川が、本州では、ほかに存在しないことを意味しているのかもしれない。

（2）オオイチモンジ　―魅惑の高山蝶―

ドロノキとオオイチモンジ

ドロノキは、日本列島のケショウヤナギを駆逐してしまった、張本人かもしれない。もしそうなら、上高地のケショウヤナギを守るためには、ドロノキを上高地から追放してしまったほうがよいのではないか。私は、そう考えたこともあるが、じつは、上高地には、ドロノキによって命が支えられている生きものがいた。その名はオオイチモンジ、貴重な高山蝶のひとつである。

上高地の生物社会を魅惑的にしているものに蝶がある。クモマツマキチョウは小型のシロチョウで、雄は前羽の先端がオレンジ色をしていて、とてもかわいい。幼虫はミヤマハタザオなど、アブラナ科植物を食べる。上高地では五～六月ごろに出現するという。

おなじシロチョウ科の蝶でミヤマシロチョウも生息している。これは七月にあらわれ、幼虫はヒロハヘビノボラズの葉を食べる。少し山道を登ると、ベニヒカゲもみられるらしい。この蝶は八月に出現する。

そんな上高地の蝶社会のなかに、オオイチモンジという蝶が存在する。七月に出現する。本州では高山蝶として人気が高い（長野県では採集禁止）。この蝶が、どうして上高地に多いのだろうか。それは、この蝶（幼虫）の食餌となるドロノキが、梓川べりにたくさん自生しているからである。

ではこの蝶は、どんなきっかけで、ドロノキと深い関係をもつようになったのだろうか。そもそも、オオイチモンジという蝶は、どんな蝶なのであろうか。ドロノキの問題を考えていて、オオイチモンジという蝶の存在も、無視できないことに気づいた。

オオイチモンジの先祖は熱帯蝶

日本とヨーロッパの蝶類図鑑をしらべてみて、オオイチモンジ*Limenitis populi*（タテハチョウ科）は、日本では北海道と本州に分布し、国外では、朝鮮半島・中国・ロシアからヨーロッパまで、ユーラシア大陸北部に広く分布していることを知った。

ヨーロッパでは、平地から海抜一〇〇〇メートルの山地帯にまで生息している。日本本州では、中部地方、関東地方北部の高地にだけ生息し、高山蝶の仲間に入っている。一方、北海道では、道南部をのぞいて、中央部を中心に、平地から低山帯にかけて広く生息していて、とくに高山蝶というものではない。この点は、ヨーロッパとおなじである。

オオイチモンジの成虫（左）と幼虫（右）　幼虫はドロノキかヤマナラシ、エゾヤマナラシなどのポプラ属の葉を餌にしている。長野県では、ドロノキとこの蝶の分布域が一致している。

成虫は、開張（両羽を広げた長さ）約七センチ。表羽はビロード様の黒地に、白と橙色と青の紋が帯状に延びている。裏面は、明るい色紋（白、橙色など）を散りばめた、まさに万華鏡《まんげきょう》のような模様となる。これは、ふるさと熱帯の名残りである。『ヨーロッパ蝶蛾図鑑』には、こう書いてある。

> オオイチモンジの幼虫はポプラ属（*Populus*）樹種の葉を食べる。日本には、ポプラ属は、ヤマナラシ（*P. sieboldii* 北海道・本州・四国・九州）、エゾヤマナラシ（*P. tremula* 北海道）、ドロノキ（*P. maximowiczii* 北海道・本州）の三種が自生する。枝が箒状になるポプラはヨーロッパ原産のクロポプラ（*P. nigra*）で、これは北海道に植栽が多い。これらの樹種はすべて、オオイチモンジの食餌となる。

（注）日本のエゾヤマナラシ（別名チョウセンヤマナラシ）は、林弥栄『有用樹木図説』では、ヨーロッパヤマナラシの変種として扱い、学名は *P. tremula* var. *davidiana* で表示

している。高橋秀男監修『樹木大図鑑』では、独立種とし学名を *P. jesoensis* で表示している。『中国高等植物図鑑』では、漢名は山楊、学名は *P. davidiana* で表示し、独立種として扱っており、日本、欧州にもあり、とある。研究者によって、考え方はまちまちだが、私は、ヨーロッパのトレムラも、中国の山楊も、日本のエゾヤマナラシも、おなじトレムラ一族で、みんな *P. tremula* として扱ってもいいのではないか、と考えている。

いまから四〇年もむかし、私は、北海道富良野《ふらの》にある東京大学演習林で、森林昆虫の研究をしていた。そのとき、ポプラの葉を食べる蛾の幼虫を飼育していて、そのなかに、刺とげのいっぱいある、ずんぐりむっくりの、緑っぽい幼虫がいて、それがなにものか見当がつかず、「不明種X」という記号をつけていたのだが、それからオオイチモンジが羽化してきたときは、びっくりした。

堀勝彦『高山のチョウ』よると、「(長野県では) オオイチモンジの生息地は、標高一五〇〇メートル付近の渓谷部に集中する。乗鞍岳《のりくらだけ》周辺から安曇《あずみ》村島々《しましま》あたりではヤマナラシ、上高地周辺ではドロノキ、八ケ岳の蓼科山《たてしなやま》ではヤマナラシ、南アルプスの仙丈岳周辺と中央アルプスの奈良井川ではドロノキを食樹にしている」とある。

だから、オオイチモンジは、ドロノキ(川辺の樹)でも、ヤマナラシ(山地の樹)でも、どちらでもよい、という印象を受けるのだが、ヤマナラシの場合は、その分布がオオチモンジの分布と一致しないのが気になる。

林 弥栄『有用樹木図説』によると、本州におけるヤマナラシの垂直分布は、標高四〇〇～一五〇〇メートルで、中心部は一〇〇〇メートルあたりにある。水平分布は、青森県から山口県まで広がっている。

一方、ドロノキの本州における垂直分布は、標高八〇〇～二〇〇〇メートル、その中心部は一五〇〇メートルあたりにある。また、水平分布は中部山岳地帯が西端となり、関東北部から東北の脊梁山脈ぞいに広がっている。そんななかで、とくに、中部山岳地帯にドロノキの分布の集中がみられる。それは、中部山岳地帯の、標高一〇〇〇～二〇〇〇メートルあたりの山中に、ドロノキの好きな環境―石礫が堆積する荒れ川―が、たくさん存在するからだろう。

長野県でのオオイチモンジの分布が、標高一五〇〇メートルあたりの渓谷部に集中しているのは、まさ

ドロノキ　上高地の梓川べりでは、川原が安定してくるとケショウヤナギに代わって、ドロノキが繁栄してくる。ドロノキは貴重な高山蝶オオイチモンジを養う木でもある（上高地にて）。

に、ドロノキの分布と一致する。中部山岳地帯のオオイチモンジがドロノキに、つよく依存して生きていることがうかがえる。

乗鞍や蓼科のオオイチモンジが、ヤマナラシを食樹にしているとあるが、これは、もともと、中部山岳地帯の川原のドロノキで繁殖していた個体群が、ごく最近になって、高原地帯のヤマナラシ林に移動したものではないか。私はそうみている。もし本州のオオイチモンジが、おおむかしからヤマナラシにも依存していたとすれば、オオイチモンジの分布は、もっと西のほうまで広がっていてもふしぎではない。しかし実際は、オオイチモンジの分布は、中部山岳地帯を離れて西には広がっていない。

オオイチモンジとドロノキの出会い

私は、本州のオオイチモンジはドロノキを、北海道やヨーロッパのオオイチモンジはヤマナラシを食樹として選択した、別々の個体群ではないか、と考えている。それは、つぎのような、考察と推理から得た結論である。

熱帯アジアで誕生したと思われる先祖オオイチモンジ（どんな植物を食餌にしていたのか、私には見当がつかない）は、徐々に北上し、温帯アジア（中国南部あたり）に進出する。そこでポプラ属に遭遇する。そして、食餌をポプラ属に乗り換えて、オオイチモンジという現在の種に変身する。この食餌転換によって、オオイチモンジは、一気に、生息範囲を北方に広げることができた。ユーラシア大陸の北部には、ポプラ属が広く繁栄していたからである。

このとき、オオイチモンジの進む方向は三つに分かれた。

西にむかってヨーロッパに進出した一群は、ギンドロ、ヨーロッパヤマナラシ、クロポプラを食餌にする。ヨーロッパにはドロノキは存在しない。北にむかって中国北部からロシア（シベリア）に進出した一群も、ヨーロッパヤマナラシを食餌にする。ヨーロッパ群とシベリア群は、ヨーロッパヤマナラシという共通の樹種を食餌にすることで、おなじ性格の個体群になっていった、と考えてよい。

東北にむかい、海岸近くに出た一群は、ドロノキと遭遇する。ドロノキは湿性の土壌を好み、川原に自生する。東北アジアの樹である。ドロノキは葉が比較的軟らかで、オオイチモンジはおおいに気にいった。極東アジアで、ドロノキを食餌にしたオオイチモンジ個体群は、ヨーロッパ・シベリア個体群とは、かなり性格の異なるものに発展していったのではないか、と思う。

本州個体群と北海道個体群　—日本へのルートが異なる—

オオイチモンジの本州個体群はドロノキを、北海道個体群はヤマナラシ類を、主たる食餌として選択しているようにみえる。そのちがいは、なにを意味するのだろうか。それは、おなじオオイチモンジという種であっても、本州個体群と北海道個体群とは、日本へやってきたルートが異なることを示しているのではないのか。私はそうみている。

本州個体群は、朝鮮半島経由で日本にやってきた。中国東北部・朝鮮北部・アムール（ロシア）の、海岸よりの川原（ドロノキの分布圏）に拠点をかまえていたオオイチモンジ群は、氷河期がやってくると、朝鮮半島を南下して日本本州に入り、その南西部で避寒する。そして、間氷期（温暖期）には北へ帰る。そのとき、一部のものは、帰るコースをまちがえて、本州の山岳地帯に登ってしまう。それが本州個体群となる。つまり、本州のオオイチモンジ群は、基本的には中国・朝鮮・アムールの、ドロノキを食餌にしている個体群とおなじもの、と思う。

一方、北海道個体群は、氷河期に、東シベリアからサハリン経由で南下してきた別のグループではないか、と考える。だから北海道のオオイチモンジの性格は、本州の個体群より、むしろヨーロッパ個体群（ヨーロッパヤマナラシを食餌にしている個体群）に近い。私はいま、そんな考えに到達している。

オオイチモンジとケショウヤナギを救済せよ

かつては、上高地の梓川べりでよくみかけたオオイチモンジだが、いまはめっきり少なくなってしまったという。堀　勝彦『高山のチョウ』によれば、オオイチモンジ減少の一番大きい原因は、砂防ダムや護岸工事にあるという。

かつては、ときどき発生する洪水で、川原の樹林が流出し、川原は裸地となるが、その裸地で、また、ドロノキが実生してくる。そんなドロノキの若木に、オオイチモンジは好んで産卵する。ところが、砂防工事で洪水が防止されると、ドロノキの林分はそのまま成長して、密生する高木林分となる。そうなると、オオイチモンジは、それを嫌って、産卵しなくなる、というのだ。

なんだ、オオイチモンジは、ケショウヤナギやドロノキとおなじではないか！　オオイチモンジは、陽樹ならぬ「陽蝶」だった。オオイチモンジが、このような陽樹的な性格をもつようになったのは、陽樹であるドロノキやヤマナラシの生活に適応していった結果かもしれない。

ケショウヤナギが、上高地の激動する自然のなかで、世代交替がつづけられてきたように、オオイチモンジもまた、激動する自然が必要だったのである。そして、人間生活にとっては「必要」であり「善」であると思われてきた砂防工事や護岸工事が、オオイチモンジの生活を窮地に陥《おとしい》れることになる。

青森県の奥入瀬《おいらせ》渓流にも、ドロノキの林分があるが、オオイチモンジは生息しない。東北の山は、標高が低いせいもあって、比較的安定している。そして、森も安定しており、川も安定している。川原のドロノキも、十分に高木に成長してから更新する、という、長い年月をかけての更新法をとっているらしい。だから、若いドロノキがあらわれるのは、何十年に一度、ということになる。これでは、「陽蝶」オオイチモンジの生活のリズムとは一致しない。東北でオオイチモンジが生きていけないのは、森が安定していることに原因がある。私は、こう考えたい。

オオイチモンジの生き方を考えていたら、ケショウヤナギの生き方とダブッてみえてきた。ドロノキは陽樹であるが、川原が安定しても、そのまま生きつづける力をもっている。だから東北地方の山でも、生きていける。ところが、ケショウヤナギは、川原が安定すると、もう生きていけないらしい。おなじ陽樹でも、ドロノキにくらべると、環境の変化にたいする順応力に欠けるのではないか。だから、川の安定している東北地方では、生きつづけることができないのではないか。これは、オオイチモンジとおなじではないか。

このまま、上高地の自然が安定すれば、オオイチモンジも、ケショウヤナギも、生息場所を失ってしまうかもしれない。オオイチモンジをしらべていて、思わぬ難問をつきつけられてしまった。もしこれからも、上高地で砂防工事・護岸工事をすすめる必要があるのなら、その一方で、川原に、若いケショウヤナギとドロノキ（オオイチモンジの餌木としての）を植えつづけるという、人間による代償工事が必要となる。

上高地のオオイチモンジとケショウヤナギは、いま、救いの手を求めている。この事実を、国や県の河川事業関係者も、そして、自然保護論者も、まず、認識してほしい。そういう私も、今回、上高地のケショウヤナギの「なぞ」を追及していて、はじめて、この事実を知った次第である。ケショウヤナギのみならず、オオイチモンジも、よろしくお願いします。

10章　世界を駆けめぐる樹と虫
―ヤマネコヤナギとヤナギノミゾウ―

エノキノミゾウムシ　―エノキの若葉に潜入する―

平成十五年六月上旬、われわれ一行（NHK文化センター仙台教室）は、山形県金山《かねやま》の杉林を見に行った。この山は個人（K家）の持ち山で、江戸時代に植林されたものだった。K家の持ち山には、一町歩一万石（日本最高の蓄積《ちくせき》）の美林もあったが、これは相続税のために伐採されてしまったという。それに匹敵する美林が現在も残っていて、町の観光名所のひとつになっている。美林は、谷間の肥沃地にあった。どこでもそうだが、成長のいいスギは、すべて、谷間の、傾斜の緩やかな斜面にある。

午後はブナの森を散策した。森は二次林で、これはかつて薪炭《しんたん》生産林であったことを示している。いまは、スキー場やハイキングコースがあって、いいレクリエーションの森になっている。

仙台への帰路、観光地図をしらべていたら、舟形《ふながた》町に「エゾエノキ」の印があった。エゾエノキの名木でもあるのだろうか。

エノキは国蝶オオムラサキの幼虫の餌樹《えさぎ》である。これは暖地の樹で、宮城県では海岸ぞいの地域でしかみられない。しかしオオムラサキは、エノキの自生しない、東北の内陸地帯にも生息している。この場合、幼虫の食樹になっているのは、エゾエノキである。エゾエノキは、北方系のエノキで、九州から北海道まで分布しているが、私はまだ、自生ものをみたことがなかった。

それで、舟形町のエゾエノキをみて、エノキとのちがいを確認してみたくなった。バスの運転手さんに無理をいって、細い町中の道に入ってもらった。エゾエノキは、ある寺の境内にあった。

樹形はエノキとおなじようなスタイルだった。葉は、エノキよりは、やや軟質のようにみえた。私は、エノキとのちがいを確かめたかったのだが、そこで、思いもかけないものをみてしまった。葉が、どれもこれも、虫害でチリチリになっていたのだ。葉を一枚採ってしらべてみた。それは、葉肉内に潜りこんで食害する虫の被害だった。食害の形は、ケヤキの葉に潜入するアカアシノミゾウの被害にそっくりだった。

被害葉を小枝ごと採取し、家にもち帰って飼育した。数

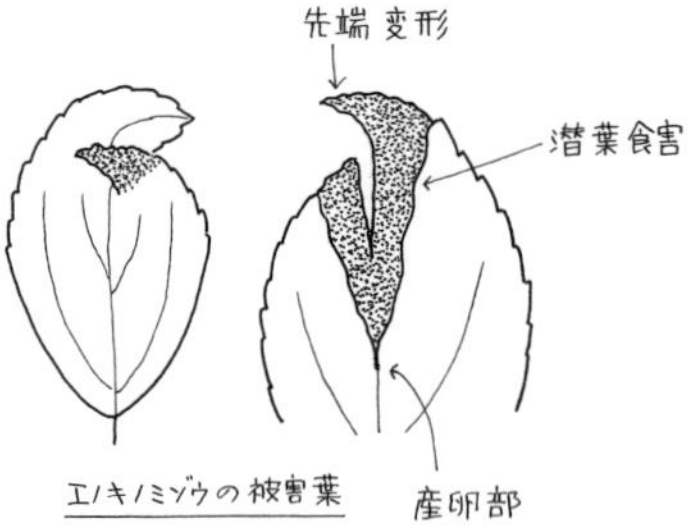

エノキノミゾウの食害を受けたエゾエノキの葉。葉肉のなかにもぐり込んで食害するので、葉がチリチリになっている。

山形県北東部の舟形町でたずねたエゾエノキの巨木。この木で、思いがけないものをみることになってしまった（写真撮影：高橋　眞）。

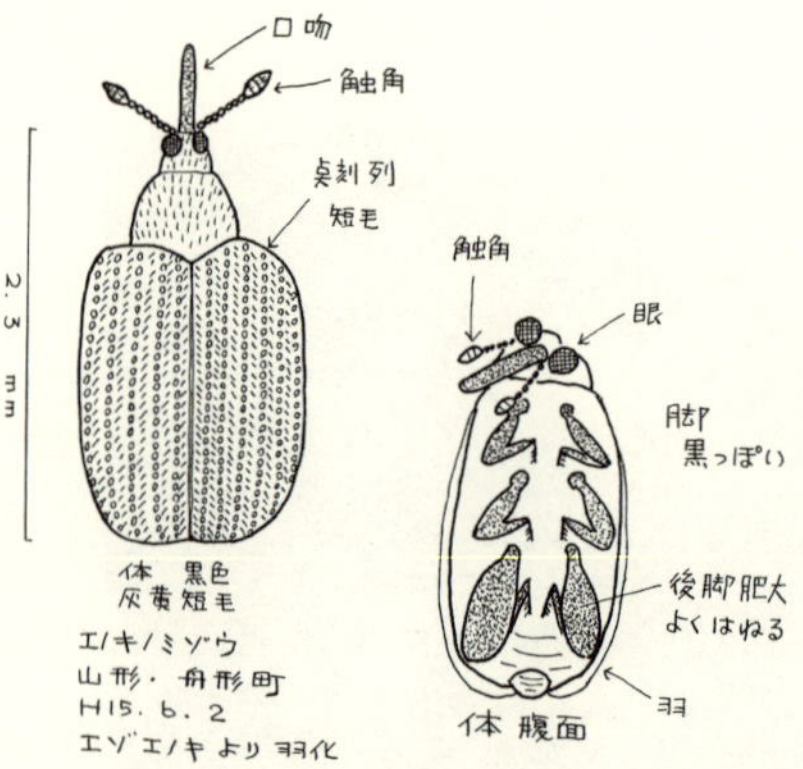

エノキノミゾウの成虫　背面（左）と腹面（右）　舟形町のエゾエノキの被害葉から羽化した。背面には点刻列が並び、背も脚も黒色。

日後、微小な甲虫が羽化《うか》してきた。標本にして実体双眼顕微鏡でしらべてみた。体の背面には点刻列が並んでいた。背中も脚も黒色で、体長は二・三ミリだった。保育社『原色日本甲虫図鑑Ⅳ』をしらべてみると、エノキノミゾウ *Rhynchaenus horii* という種類だった。

　エノキの葉にノミゾウムシが寄生することを知った。そこで、自宅（七ケ浜）前の広場に自生しているエノキ（樹高約七メートル）の葉をしらべてみた。なんと、この木も、葉はすべて虫害でチリチリになっていた。いままで、ぜんぜん気づかなかった。その気にならないと、ものごとは、なかなかみえてこないものだ。数枚を採ってきて、飼育した。二、三日して、微小な甲虫がたくさん出てきた。やはり、エノキノミゾウだった。

　また、いっしょに寄生蜂のコバチ類が二種類出てきた。この蜂は、エノキノミゾウの幼虫に寄生する天敵にちがいない。ひとつは、体が金緑色の光沢で光っていた。それでエノキノミゾウコガネコバチという仮名を献上した。（あとで標本箱をしらべてみたら、コガネコバチの仲間は、ケヤキに潜葉するアカアシノミゾウ

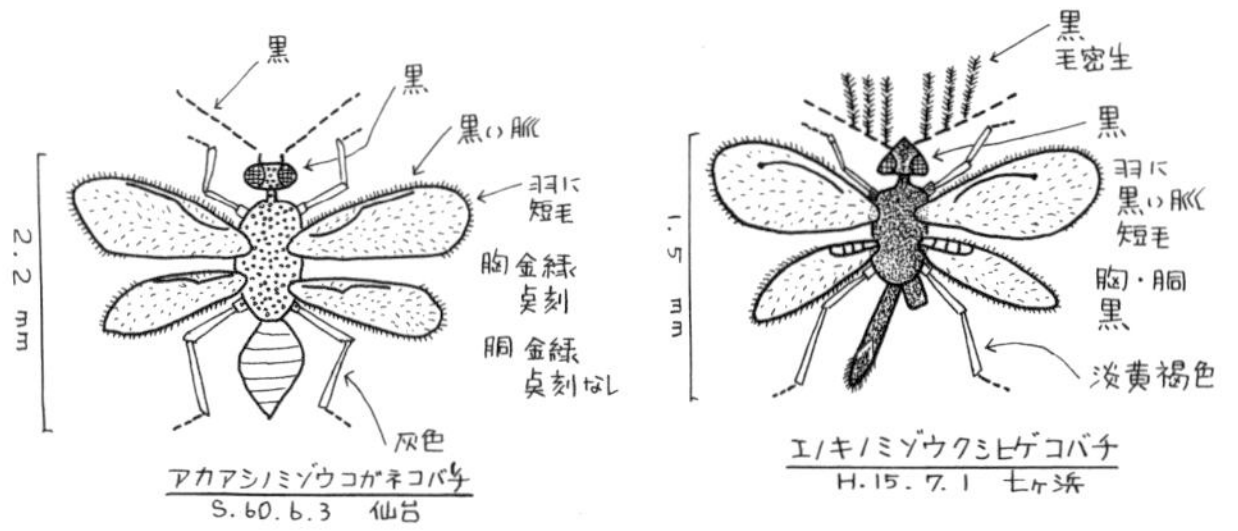

ノミゾウムシ類からみつかった寄生蜂2種。右はエノキノミゾウに、左はアカアシノミゾウに寄生する天敵。

からも得ていた)。もうひとつは、体が黒色で、触角が櫛状に分岐していた。こちらは、エノキノミゾウクシヒゲコバチという仮名を与えた。もちろん、これらの名前は私の勝手な道楽名である。

アカアシノミゾウ　―ケヤキの若葉に潜入する―

仙台の街には、ケヤキの街路樹や公園樹が多い。このケヤキの葉にも、ノミゾウムシが潜入食害する。新葉が展開しはじめると、ノミゾウムシの雌成虫が葉の主脈（先端に近いところ）に穴をあけて産卵する。孵化《ふか》幼虫は、葉肉内に潜入する。最初は筋状に、のち袋状に食害していく。被害葉は、表皮は残るから、被害部分は水ぶくれ様になる。のち、チリチリに縮れる。

六～七月に羽化してきた新成虫は、ケヤキ葉の表面をかじる。かたい脈は残すから、食痕は網目状となり、赤く変色する。被害のはげしいときは、樹冠全体が赤変することもある。この被害状況をみて、大気汚染の害と勘違いする人も多い。成虫は、そのまま生存し、冬になると地中で越冬し、翌春、また出現して、新葉に産卵する。

私は、一〇年ほど前、仙台のケヤキにつくノミゾウムシをしらべたことがある。そのときの資料を標本にしておいたのだが、いままた、それをとり出して双眼実体顕微鏡でしらべてみた。形はエノキノミゾウとよく似ているが、体はやや大きく（二・五ミリ）、脚は黒ではなく、淡色で赤味をおびていた。それでアカアシノミゾウという名がついているのだった。名の由来がわかった。学名は*Rhynchaenus*《リンカエヌス》 *sanguinipes*《サングイニペス》とあった。

ノミゾウムシの繁栄　―環境悪化の警報?―

仙台の中心部よりやや離れたところに、台原《だいのはら》森林公園がある。丘の上には、スギ・ヒノキの植林地とコナラの雑木林が広がっている。ここは林野庁の山で、自然休養林に指定されている。遊歩道が完備しており、市民の格好の憩いの場になっている。

私は、昭和六十年の秋、この森を散策していて、コナラの葉がどれもこれも、赤くチリチリになっているのに気づいた。被害葉の形は、それがノミゾウムシの被害であることを示していた。おおげさにいえば、大発生である。しかし、気づいた時期が遅くて、成虫は採集できなかった。

今回、エノキノミゾウのことをしらべていて、コナラの葉に潜入するノミゾウムシも気になってきた。そこでまた、標本箱をしらべてみた。鳴子町の東北大学の山で、コナラの葉から採集したノミゾウムシの標本が数点あった。双眼実体顕微鏡でしらべてみると、ムネスジノミゾウ *Rhynchaenus takabayashii* という種類らしい。しかしこれが、仙台・台原森林公園のコナラで大発生したノミゾウムシとおなじものとは、断言できない。甲虫図鑑をしらべてみると、ナラ類の葉に寄生するノミゾウムシが数種いるからである。いずれにしても、ノミゾウムシの仲間が、コナラの森でも大発生していることは確実である。

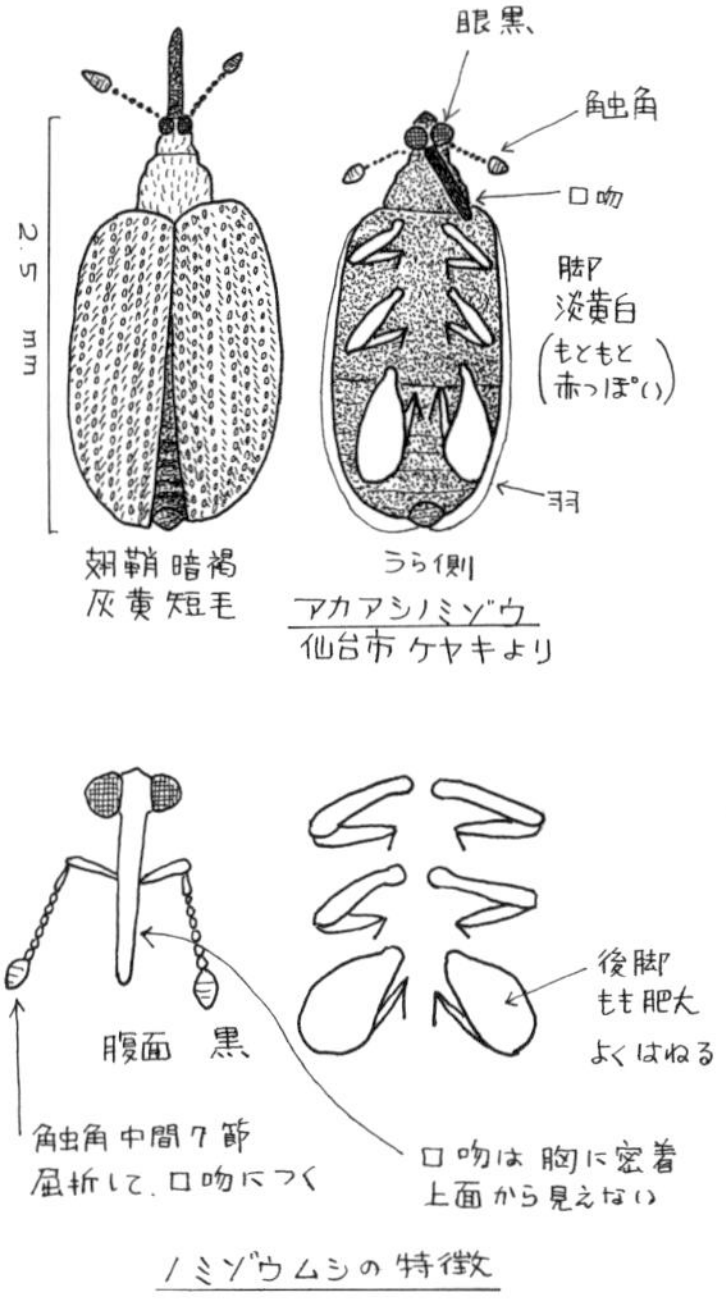

仙台市のケヤキからみつかったアカアシノミゾウ（上）と、ノミゾウムシの特徴　エノキノミゾウとよく似ているが、脚は淡色で赤味をおびている。アカアシノミゾウという名前は、この脚の色に由来しているのだ。

さらに、標本箱から、ヤマハンノキの葉に潜入するノミゾウムシが一頭みつかった。全身まっ黒である。これは、甲虫図鑑に載っていないので、種名が確定できなかった。とりあえず、ヤマハンクロノミゾウという仮名をつけておく。もしかしたら、ヤマハンノキ林でもノミゾウムシが大発生している可能性がある。ヤマハンノキ林はいたるところにあるから、今後、注意してみよう。

ノミゾウムシの仲間が、われわれの身近なところにいて、けっこう、繁栄している。よく注意してみると、わが家の庭のケヤキの葉にも、アカアシノミゾウの食痕がみられた。しかし、ケヤキにしても、コナラにしても、自然の森のなかでは、大きな被害をみたことがない。注意深く観察してこなかったのかもしれないが、それにしても、何十年も、森のなかを歩いているのに、まったく気づかないのは、自然の森のなかでは、ノミゾウムシの大発生がおきていないからではないか、と思う。

自然の森―たとえば鳴子の大学林―のなかでノミゾウムシの被害が少ないのは、ノミゾウムシの天敵寄生蜂―コバチ類―が大活躍していて、ノミゾウムシの発生を抑えているからではないのか。一方、仙台の都市近郊の林で被害が大きいのは、都市の環境悪化―たとえば大気汚染―が進行して、コバチなどの天敵の生存に悪い影響を与えているからではないのか。その一方で、害虫は一般に天敵よりも、環境悪化に耐える力があるから、結局、環境悪化は、害虫の繁殖に有利に働いているのではないのか。

私は、都市近郊でノミゾウムシが大発生している理由を、このように推理してみた。ノミゾウムシの繁栄は、われわれの身のまわりの環境が悪化していることの警報なのかもしれない。もし、環境汚染がより悪化して、害虫のノミゾウムシさえ生存できなくなるような事態になれば、それは、人も生きていけない事態だろう。ノミゾウムシは、環境悪化の「見張り番」といえる。害虫という名で排除してはいけない。

ヨーロッパのノミゾウムシ

保育社『原色日本甲虫図鑑Ⅳ』によると、ノミゾウムシ類は*Rhynchaenus*《リンカエヌス》属にぞくし、日本には三〇種ほど知られている。そのうち、この図鑑には一〇種が記載されていた。しかし、生態についての解説はなく、虫の種名と寄生樹種が羅列されているだけだった。

ヨーロッパの甲虫図鑑（Harde, K. W.: A field guide in color to beetles）をしらべてみると、中部ヨーロッパには三一種が知られており、この本には四種について、形態図と生態の解説があった。この図鑑は一般むけの本である。ヨーロッパでは、昆虫は大人にとっても興味の対象になっており、ノミゾウムシのような微小な虫でも、身近に存在するものは、一般書にもとりあげられているのである。

日本では、ノミゾウムシなんて、専門家以外はだれも知らない。一般むけの昆虫図鑑でも解説されることはない。私はたまたま、森林昆虫学を専攻していて、ケヤキの葉に寄生するアカアシノミゾウをしらべた経験があるから、ノミゾウムシのことを知っていたにすぎない。

ヨーロッパの甲虫図鑑には、ブナの葉に潜入するノミゾウムシについて、つぎのような解説があった。

「ブナノミゾウムシ *Rhynchaenus fagi* 体長二～二・五ミリ、黒色、ブナに寄生。中部ヨーロッパに分布、ごくふつう種。成虫はブナの葉、葉柄、花を食べる。越冬した成虫は春、ブナの若葉を食べる。雌はブナの葉脈に産卵。幼虫は潜葉、最初はトンネル状に、のち、袋状に食害。被害葉は最初は黄白、のち暗赤褐色に変色、激害葉は遅霜の被害のようにみえる。」

ブナ属は、樹種は異なるが、ヨーロッパにも、日本にも存在する。しかし、日本では、ブナの葉に寄生するノミゾウムシは生息しないらしい。日本の甲虫図鑑には出てこないし、私も、長いあいだブナの森を歩いているが、ノミゾウムシによる被害らしきものは、まだみたことがない。ヨーロッパでは、ノミゾウムシはブナの大害虫になっているのに、日本のブナ林には、なぜ存在しないのか、なぞめいている。あるいは、東北のどこかで、ひっそりと、人知れず生きているなら、おもしろいのだが。ブナノミゾウは、なぜか、私の興味をかきたてる。いつか、ヨーロッパに行って、その被害状況を観察してみたいものだ、と願っている。

キンモンホソガ ―樹葉に潜入する小蛾―

ヨーロッパと日本の甲虫図鑑に記載されているノミゾウムシを、寄生樹属別にまとめてみると、表1のようになる。この表を眺めていると、日本とヨーロッパに共通して分布するノミゾウムシ（広域分布種）が少ないことに気づく。ただし、この表は、日本とヨーロッパのノミゾウムシ相を比較するには、資料として十分ではない。

そこで、ノミゾウムシとおなじように、樹木の葉肉内に潜入寄生して生活している小さな蛾《が》―キンモンホソガ―についても、同じことがいえるのかどうか、しらべてみた。われわれがよく目にする代表的なキンモンホソガは、コリンゴやヒメリンゴの葉に潜入する種類で、北海道や東北ではリンゴ園の害虫になっている。

キンモンホソガ類はキンモンホソガ属*Phyllonorycter*《フィロノリクテル》にぞくする。講談社『日本産蛾類大図鑑』には、キンモンホソガ属に五六の種が記載されている。そして、寄生樹種（幼虫の餌樹）と分布範囲（日本のほか、外国にも分布するのかどうか）も丹念に記録されている。これは、ホソガ類の研究者・久万田《くまた》さんの研究成果による。

前記図鑑から、樹木のどんな科に、キンモンホソガ類が何種、寄生しているのか、列挙すれば表2のようになる。

記載されていたキンモンホソガ類五六種のうち、

表1　ノミゾウ類*Rhynchaenus*の日欧比較　　※：日欧共通種

宿主樹種	ヨーロッパ	日本
ヤナギ*Salix*	※*salicis*	*salicis*　ヤナギノミゾウ
		stigma　クロノミゾウ
ポプラ*Populus*	*populi*	不在？
ハンノキ*Alnus*		*nomizo*　マダラノミゾウ
		ヤマハンクロノミゾウ（仮名）
カバノキ*Betula*	※*rusci*	*rusci*　シロオビノミゾウ
ナラ*Quercus*	*quercus*	
		takabayashii　ムネスジノミゾウ
		japonicus　カシワノミゾウ
		galloisi　ガロアノミゾウ
ブナ*Fagus*	*fagi*	不在？
エノキ*Celtis*		*horii*　エノキノミゾウ
ケヤキ*Zelkova*		*sanguinipes*　アカアシノミゾウ
ニレ*Ulmus*		*mutabilis*　ニレノミゾウ
	欧31種	日30種

表2 キンモンホソガの寄生樹木の科
(数字はキンモンホソガの種数)

クルミ科	2
ヤナギ科	4
カバノキ科	11
ブナ科	
ナラ属	10
ブナ属	1
ニレ科	5
バラ科	7
シナノキ科	1
カエデ科	3
マメ科	2
ツツジ科	3
エゴノキ科	1
スイカズラ科	2

日本とヨーロッパに共通して分布する種は、わずかにつぎの五種（かっこは宿主《やどぬし》樹種）にすぎなかった。①マダラキンモンホソガ（ヤナギ・ポプラ・ヤマナラシ・ドロノキ）、②ヤナギキンモンホソガ（ヤナギ）、③フトオビキンモンホソガ（ヤマネコヤナギ）、④カバノキンモンホソガ（シラカンバ・ダケカンバ）、⑤ツマスジキンモンホソガ（シラカンバ）。

キンモンホソガ類も、ノミゾウムシ類とおなじように、日欧共通種の少ない虫群であることがわかった。そして、もうひとつわかったことがある。それは、日欧共通種は、ヤナギ類とカンバ類に寄生する種だけにみられたことである。

食葉大蛾類の場合　―日欧共通種が多い―

前述したように、私は、ノミゾウムシやキンモンホソガには、日欧共通種が少ない、と感じた。どうして、そう感じたのか、というと、私はかつて、北海道で、ポプラの葉を食べる大蛾類（いも虫・毛虫）の研究をしていて、日本とヨーロッパに共通して分布する種の多いことに、驚いた経験をもっているからで

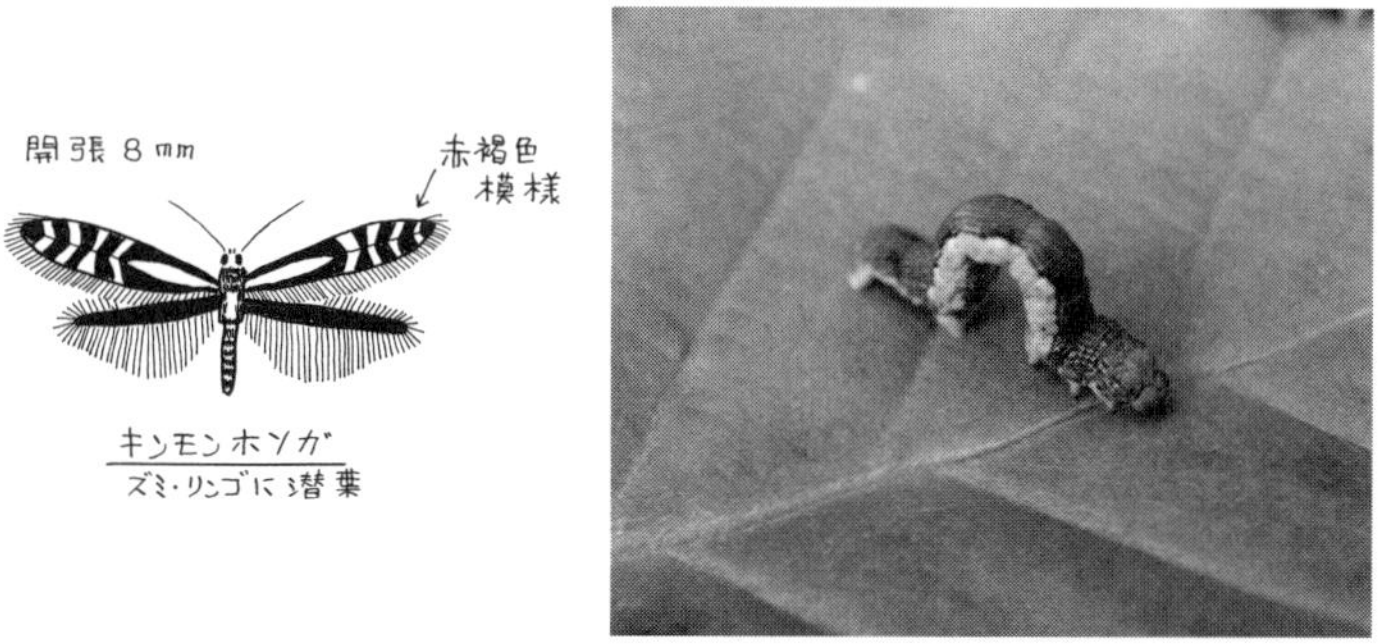

キンモンホソガの成虫（左）とチャバネフユエダシャクの幼虫（右、写真撮影：秋山列子）　キンモンホソガは、幼虫が、コリンゴやヒメリンゴの葉に潜入して食害する。北海道ではリンゴ園の害虫になっている。一方、チャバネフユエダシャクのような大蛾類の幼虫は木の葉を外から丸ごと食べる。

ある。

そこで今回、確認のため、ヨーロッパと日本の蛾類図鑑をしらべてみた。カーター『イギリスとヨーロッパの蝶と蛾』という図鑑には、ヨーロッパ産の大蛾類が五五種記載されていたが、そのうち、日本にも分布しているものが四二種存在していた。共通率は七六％にもなる。

どうして、大蛾類には、日欧共通種が多いのだろうか。大蛾類の幼虫はいも虫・毛虫で、木の葉を外から丸ごと食べる。このような食べ方をする蛾類は、樹の種類にこだわらない「なんでも屋」が少なくない。また、かぎられた種類の樹しか食べない「こだわり派」も存在するが、その場合でも、樹の属がおなじであれば、種が異なっていても文句はいわない、のがふつうである。たとえば、ヨーロッパでナラ類を餌にしている蛾は、日本のナラ類（樹種は異なる）を餌にすることができる。だから大蛾類には、ヨーロッパと日本に共通の「広域分布」種がたくさん存在するのである。

ノミゾウムシの場合　―宿主樹木に深く適応―

ではなぜ、樹葉に潜入するノミゾウムシやキンモンホソガには、日欧共通の「広域分布」種が少ないのか。その理由を私はつぎのように考えてみた。

ノミゾウムシは（キンモンホソガもおなじ）、樹木の葉肉内に潜入寄生する、という生活法をとっている。そして生活の仕方を、宿主樹木の形態や生活の仕方に、かぎりなく合わせていく。その結果、ゾウムシの種の分化も進む。だから、宿主となる樹「種《しゅ》」が異なれば、寄生するノミゾウムシの「種《しゅ》」も異なってくる。つまり、樹木の別種化に合わせるように、寄生する虫側（ノミゾウムシ）も、別種化が進行していくのである。

ノミゾウムシの種の分化と分布は、樹木の場合とよく似ている。

ヨーロッパの樹木は、基本的には北方系（落葉性）で、同属の種が日本にもたくさん存在する。じつはそれらは、共通の先祖から分かれた親戚たちなのである。

古第三紀のころ、地球は温暖で、現在の落葉広葉樹たちの先祖は、北極周辺で生活していた。新第三紀になって地球が寒冷化し、北極周辺の樹木たちも南下する。そのとき、南下するコースは、アメリカ東部、東アジア、ヨーロッパに分かれる。樹木には移動性がないから、地域地域に分散した樹木たちは、互いに隔離され、交流がなくなって、それぞれが別種化していくことになる。しかし、遠く離れても、先祖はおなじ属だから、属まで変わることはない。

つまり、ヨーロッパと日本には、同属の樹はたくさん存在するが、同種の樹は、まれにしか存在しないのである。そしてノミゾウムシは、生活の仕方を樹木の「種」に深く適合させることによって、その分布も樹木的になった、というわけである。

ヤマネコヤナギとヤナギノミゾウ　―世界を駆けめぐる樹と虫―

ノミゾウムシ類の分布は、樹木に似ていて、その多くは「狭域分布種」なのだが、例外的に、日欧に共通して分布する「広域分布種」も存在する。そのひとつが、ヤナギノミゾウである。ヨーロッパの甲虫図鑑をみると、ヤナギの葉に寄生するノミゾウムシについて、つぎのような、簡単な解説があった。

「ヤナギノミゾウ *Rhynchaenus salicis* 体長二～二・五ミリ、黒色。全北区（ユーラシア北部全域）に分布し、中部ヨーロッパには、どこにでも多い。ヤナギに寄生。生活習性は、ノミゾウムシ属のほかの種と変わらない。」

このヤナギノミゾウは日本の甲虫図鑑にも出ている。ノミゾウムシのみならず、キンモンホソガでも、ヤナギに寄生するものに、日欧共通種がみられる（ヤナギキンモンホソガ *P. salicicolella*）。これはなにを意味するのだろうか。私は、つぎのように解釈している。

ヤナギ類のなかには、日欧に共通的に分布する樹種が存在していて、ノミゾウムシやキンモンホソガは、その広域分布ヤナギに寄生することによって、虫側も、日欧共通種になったと。

では、ヤナギ類のなかで、広域分布している樹とは、なにものなのか。それは、ヤマネコヤナギ一族である。ヤマネコヤナギ一族は、つよい分散力をもっており、現在、ユーラシアから北アメリカの北部一帯に、広く、連続的に分布している。つまり、世界を股に駆けめぐる樹なのである。

ヤナギ属（*Salix*）は、日本で二五種、中国で三一種、北アメリカのカリフォルニア州で三〇種存在する。ヨーロッパの場合、手元に資料がないので確かなことはいえないが、一一〇種ほど存在するのではないか、と思う。

そのうち、世界的に共通分布しているのは、ヤマネコヤナギの一族だけである。ヤナギ類は、基本的には水辺の植物で、川から離れることができない。だから、水系ごとに隔離されてしまい、水系ごとに別種化していく傾向にある。日本と中国のあいだをみただけでも、日中共通種は四種しか存在しない。そんな状況のなかで、ヤマネコヤナギ一族は世界的に分布を広げている。ヤマネコヤナギは川辺を離れ、山に登ったヤナギなのである。

樹木図鑑をしらべてみると、日本のヤマネコヤナギは、学名を*Salix bakko*《サリックス・バッコ》といい、バッコヤナギと呼ばれることもある。北海道（南西部）・本州（近畿以北）・四国に分布し、日本固有種とある。こういう記述をみると、なにか、日本独特のヤナギか、と錯覚してしまうが、この一族は世界中に広く分布しているのである。

ヨーロッパの樹木図鑑をみると、日本のヤマネコヤナギにそっくりのヤナギが出てくる。英名をプシーウィロー（Pussy Willow）という。Pussy とは、幼児語で「にゃんこ」を意味する。Pussy Willow は、学名を*Salix caprea*《サリックス・カプレア》という。ヨーロッパに広く分布し、シベリアをへて、日本まで分布する、とある。ヨーロッパでは、日本のヤマネコヤナギも、ヨーロッパヤマネコヤナギとおなじもの、とみているのである。

ヨーロッパヤマネコヤナギ*Salix caprea*
英名はプッシーウィロー、穂の形から名づけられたのだろうか。

ヨーロッパヤマネコヤナギは、北米にわたって*S. discolor*《サリックス・ディスコロル》（アメリカヤマネコヤナギ）となる。

『中国高等植物図鑑』によると、ヨーロッパヤマネコヤナギは中国にも存在している。学名は*S. caprea*が使用されており、漢名は黄花児柳とある。花児（花穂）が黄色い柳、という意味らしい。東北部・河北・山西・陝西に分布する、とある。中国北方域の山地帯に広く分布していることがわかる。そして図鑑には「日本、欧州にもあり」とある。中国でも、日本のバッコヤナギは独立種として認知していないようだ。

ヤマネコヤナギ一族が、分布を世界的に広げることができたのは、川を離れて山地帯に登ったことにある。しかし、ミネヤナギのように、高山帯にまで登ってしまうと、今度は山ごとに隔離されてしまい、分布を広げることができなくなる。ところが山地帯であると、東西方向に、連続的に、分布を広げることが可能となる。

私は、前まえから、バッコヤナギを日本固有の独立種としてみることに疑問を感じているのだが、今回、ノミゾウムシやキンモンホソガの分布をしらべていて、ヤナギ類を宿主樹木とする虫のなかに、日欧共通種の存在することを知って、それは、宿主のヤナギが日欧に共通して分布しているからだ、と考えるようになった。その、日欧共通のヤナギとは、ヤマネコヤナギ一族のことなのである。

つまり、ヨーロッパのPussy Willowも、アメリカの*S. discolor*も、中国の黄花児柳も、そして日本のバッコヤナギも、おなじ種ではないのか、と思う。仮に別種としても、ごくごく近い親戚で、「ヤマネコヤナギ一族」を形成しているもの、と考えたい。虫が、そう語っているのである。

シラカンバ一族も世界を駆けめぐる

ノミゾウムシでもキンモンホソガでも、日欧共通種は、ヤナギに寄生するものと、カンバに寄生するもの、のなかに存在する。ヤナギに寄生する虫種については前述したとおりだが、カンバに寄生する日欧共通種には、つぎのような虫種が知られている。シロオビノミゾウ、カバノキンモンホソガ、ツマスジキンモンホソガ。

つまりこのことは、カンバ類のなかにも、世界を股に駆けめぐっている樹種がひとつ存在することを示している。それは、シラカンバ一族である。

『中国高等植物図鑑』では、白樺は学名を*Betula platyphylla*《ベツラ・プラティフィラ》で示し、東北部と西北・西南部に分布し、アムール（ロシア）、蒙古《もうこ》にもあり、とある。東アジアの東北地域に広く分布していることがわかる。日本の樹木図鑑では、シラカンバは*B. platyphylla* var. *japonica*で表示されている。つまり、中国の白樺の日本亜種ということになる。

ヨーロッパには、シラカンバ一族としてシルヴァーバーチ（Silver Birch：ギンカンバ*B. pendula*）が存在する。もっともふつうにみられるカンバで、ヨーロッパ全域からシベリアまで広く分布している。樹高は二〇～二五メートル、樹皮は白くなめらか、樹齢は短命で一〇〇年を超えるものはまれ、など、日本のシラカンバによく似ている。しかし、枝先がしだれること、葉（三角形）縁の鋸歯が鋭いこと、など多少異なる点もある。

このギンカンバは中国（ウイグル北部にあり）・蒙古・シベリア東部でシラカンバに置き変わっていく。つまり、ギンカンバとシラカンバは、ヨーロッパとアジアを「すみわけ」るかのように、分布しているのである。それは、両者がおなじ一族であることを示している。

アメリカのカヌーバーチ（Canoe Birch：カヌーカンバ *B. papyrifera*）は、ヨーロッパのギンカンバにごく近い親戚らしい。つまり、シラカンバ一族のアメリカ分派、ということになる。

葉の内部に寄生する虫（ノミゾウムシやキンモンホソガなど）たちの動向をみていると、その宿主の樹木たちの素性や動向もみえてくる、というわけである。

11章　大雪山・蝶物語

(1) エゾシロチョウ　―ツンドラ低木原野の生きもの―

ミヤマシロチョウとの出会い　―雲南の玉竜雪山山麓―

平成十二年（二〇〇〇年）五月下旬、私たち一行（NHK文化センター仙台教室）は、二回目の雲南旅行を楽しんでいた。その日は、玉竜雪山《ユーロンシュエ》の中腹にある雲杉坪《ウンサンピン》（標高三〇〇〇メートル）のトウヒ林を見に行った。バスは、麗江《レーチアン》の町を出てまもなく、なだらかに起伏する高原のなかを走る。標高はすでに二五〇〇メートルを超えている。車窓から赤や黄や水色の草花がちらちらみえる。花ばなのあいだを白い蝶が舞っている。あの蝶はなんだ？　あの紅色の花はランだろうか？　未知なるものへの好奇心が高まってくるが、この高原での花の観察は午後のコースになっていた。バスは草原をとおりすぎていく。

雲杉坪へはロープウエイで登る。雲杉とはトウヒ（*Picea*属）の仲間をさす。雲杉坪は、崖の上の台状地に形成された亜高山針葉樹林であった。坪とは平坦な場所を意味するらしい。日本でいえば、北八ケ岳の坪庭《つぼにわ》みたいなところだ。北八の坪庭はシラベ・オオシラビソ（モミ属*Abies*）の森だが、雲杉坪はトウヒの森である。期待していたシャクナゲは、花のシーズンが終わっていた。それでもところどころで、遅咲きの花をみる。

トウヒの森のなかは、あちこちに倒木が横たわっており、苔《こけ》むしていた。その苔の上には、小さなトウヒの苗が実生《みしょう》していた。いわゆる「倒木更新」である。「倒木更新」は、北海道のエゾマツがよくやる手である。雲杉坪のトウヒは、日本のエゾマツ（本州のトウヒもその一派）と系統的に近い種ではないか、と思った。

ふたたびロープウエイで山を降り、レストランで昼食をすませてから、午後は、高山植物観察のための、自由時間となる。どんな花が咲いているのか、みなさん、わくわくしている。各自気ままに、カメラをもって、草原のなかを散策する。トレッキングのなかに、こんな時間があるのは楽しいことだ。

樹高五〇センチぐらいの、背の低いウバメガシの群落が、パッチ状に地面を這っている。ウバメガシ群落のあいだは、小石まじりの裸地が広がり、さまざまな高山植物が、色とりどりの花をつけて、われわれを呼んでいた。

目の前に、白い蝶が舞い降りてきた。一匹手づかみにする。羽の裏側の脈は黒く縁どられていた。かわいい蝶だった。あたりを見渡すと、草原のあちこちでその蝶が舞っていた。日本に帰ってわかったのだが、それはミヤマシロチョウ（シロチョウ科アポリア属 *Aporia*）という蝶だった。

ミヤマシロチョウ（*Aporia hippia*）は日本にも生息している。長野県の標高一五〇〇〜二〇〇〇メートルあたりの高原（たとえば美ケ原《うつくしがはら》など）にだけ生息している蝶である。成虫は六月中旬から七月上旬に出現するという。雲南では、五月下旬だったから、日本にくらべると、いくらか早い。この雲南の蝶が、どうして日本にもいるのだろうか。

雲南での、この偶然の出会いがきっかけとなって、私はミヤマシロチョウのことをしらべてみたくなった。そして、おもしろいことがわかった。日本のミヤマシロチョウは、中国西部の山岳地帯（ふるさと）を出て、はるばる日本まで、長い旅をしてきた蝶らしい。その旅の経過を、事実と推測をまじえて、ひとつの物語にした（「ミヤマシロチョウの長い旅」西口『森と樹と蝶』のうち）。

ミヤマシロチョウのことをしらべていてわかったのだが、日本には、ミヤマシロチョウの親戚がもう一種いた。エゾシロチョウ（*Aporia crataegi*）である。日本では北海道にだけ生息している。エゾシロチョウもまた、おなじように、長い旅（コースは異なる）のはてに、日本の北海道に到達したものらしい。

蝶類図鑑をしらべてみると、ミヤマシロチョウの幼虫がヒロハヘビノボラズ（メギ科）を食餌としているのに、エゾシロチョウの幼虫はシウリザクラやエゾノウワミズザクラ（バラ科サクラ属）の葉を食べている。ミヤマシロチョウの生き方とエゾシロチョウの生き方は、かなりちがっていた。このちがいは、なにを意味するのだろうか。そんなことを考えていたら、エゾシロチョウにも興味が湧いてきた。私のミヤマシロチョウ物語は、エゾシロチョウ物語でもあった。

大雪山でエゾシロチョウに出会う

雲南旅行から二年あまりの年月が経過していた。平成十四年七月中旬、私たち一行は、北海道の大雪山の主峰・旭岳《あさひだけ》のそばにいた。この旅も、NHK文化センター仙台教室の企画だった。北方系針葉樹林と高山植物がお目当てだった。姿見の池あたりの遊歩道を歩く。朝から快晴で、旭岳の全容はもちろん、近くはトムラウシ、遠くは十勝岳や富良野《ふらの》岳などの山波もみえた。

遊歩道のまわりは、ハイマツ・ウラジロナナカマド・シャクナゲ類が低木群落を形成していた。シャクナゲは花の白いハクサンシャクナゲの季節になっていたが、遅咲きのキバナシャクナゲの花もみられた。湿原には、チングルマ、エゾノツガザクラに混じって、かわいいピンクのエゾコザクラが咲いていた。みなさん、花の撮影に夢中になっている。私は、写真撮影はせず、双眼鏡を片手にのんびり歩いた。

あちこちで、モンシロチョウをひとまわり大きくした白い蝶が舞っていた。なんだ、この蝶は？　双眼鏡で追跡する。高山植物の花を求めて飛んでいるのだが、なかなか静止しない。やっと止まったのは、エゾコザクラの花だった。白い羽に黒い脈が走っていた。すぐ、エゾシロチョウとわかった。私は、まえの本でエゾシロチョウのことも書いたが、実物をみるのは初めてだった。山道の行く先ざきで、エゾシロチ

エゾノツガザクラの花で吸蜜するエゾシロチョウ　モンシロチョウよりひとまわり大きく、白い羽に黒い脈が走っている（大雪山にて、写真撮影：伊藤正子）。

ョウの舞いをみた。旭岳・姿見の池あたりのお花畑は、エゾシロチョウの遊ぶ庭だった。

エゾシロチョウは、北海道の平地から山地にかけてみられる蝶である。この蝶が大雪山の山頂辺くのお花畑で、こんなにたくさん舞っているとは、考えてもみなかった。雲南のミヤマシロチョウの場合とおなじように、大雪山でのエゾシロチョウとの出会いも、まったく予期せぬ偶然の出来事だった。私は、どうやら、アポリア（*Aporia*　ミヤマシロチョウやエゾシロチョウの属名）とはよくよく縁があるらしい。アポリアのことを、もっとよくしらべてみよ、という天の声かもしれない。家に帰って、エゾシロチョウのことを、もう一度しらべなおしてみた。

エゾシロチョウの生態知見

エゾシロチョウについては、次のようなことが知られていた。

①　ヨーロッパから極東アジアの日本まで、ユーラシア大陸の北

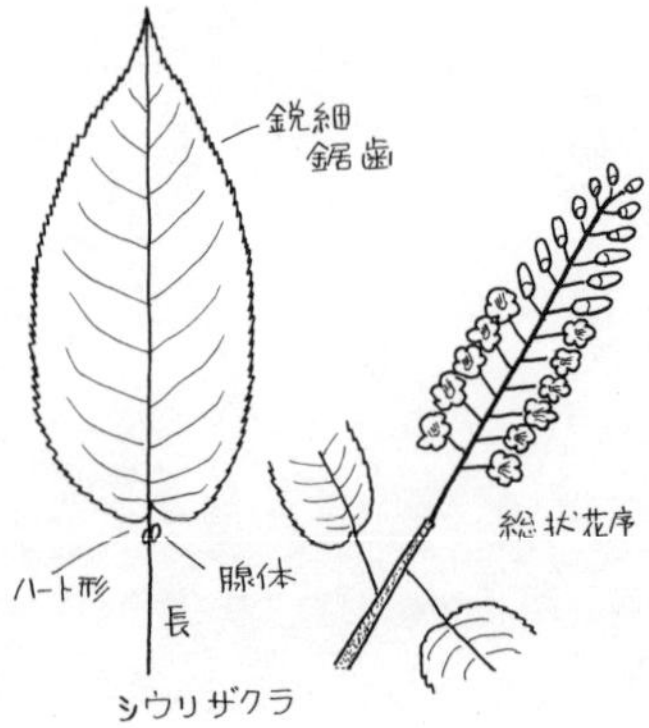

シウリザクラ　エゾシロチョウの幼虫のおもな食餌植物。白い花が総状の花序に集まってたくさん咲く。

部に広く分布する。

② 日本では、北海道の平地~山地に生息する。市街地の公園に発生することもある。ふつう、山地帯の渓流ぞいの林縁などでよくみられ、高いところでは標高一〇〇〇メートルあたりまで生息する。

③ 成虫の出現は、平地では六月上~下旬、山地では七月上~中旬。

④ 幼虫の主たる食餌《しょくじ》植物はシウリザクラで、ほかにエゾノウワミズザクラ、エゾヤマザクラ（以上サクラ属）、エゾノコリンゴ（リンゴ属）、エゾサンザシ（サンザシ属）なども食餌になる。すべてバラ科樹木である。リンゴ園で大発生することもあるという。異常食性としてナナカマド（バラ科、ナナカマド属）の記録がある。これは、サクラ類を食べつくした幼虫群が、ほかに食べものがなく、やむなくその代用食にしたものだろう、と考えられている。ヨーロッパでは、ホーソン（Hawthornサンザシ属）やブラックソーン（Blackthornサクラ属）が食樹になっているという。

⑤ 成虫の吸蜜花は、ヨツバヒヨドリ、アザミ類、エゾニュウなど、大雪山でキバナシャクナゲ、エゾノツガザクラでの吸蜜の記録がある。
⑥ 成虫には移動性がある。ただし回帰性は確認されていない。

大雪山のエゾシロチョウは高山蝶か

エゾシロチョウは、高山蝶としては認知されていないらしい。しかし今回、私たちは旭岳・姿見の池あたりのお花畑で、たくさんのエゾシロチョウをみた。あとで、一行の撮った写真をしらべさせてもらったら、エゾノツガザクラ、ハクサンシャクナゲ、キバナシャクナゲ、イソツツジ、エゾコザクラ、ミヤマリンドウなどの花で吸蜜していることが確認できた。旭岳のお花畑でのエゾシロチョウの行動をみていると、たまたま高山に上ってきた、というようにはみえない。ここでは、エゾシロチョウは高山蝶になりきっている。そんな印象を受けた。

では、旭岳のエゾシロチョウは、どんな植物を頼りに生活しているのだろうか。

姿見の池あたりの植生はハイマツ―ウラジロナナカマド―シャクナゲ類の低木群落を中心にして、そのあいだに草原が広がり、多種類の背の低い高山植物が群落を形成している。その高山植物の花がエゾシロチョウの成虫に蜜を供給している。問題は、幼虫の餌になる植物はなにか、ということだが、現存量の多さから考えて、ウラジロナナカマドではないか、と私はみている。しかし、この考え方には疑問もある。それについては、あとで検討する。

高山帯のお花畑から山を下ると、亜高山帯針葉樹林となり、アカエゾマツ—ダケカンバの高木林があらわれる。そこには、林縁にミネザクラがみられる。このミネザクラがエゾシロチョウの幼虫の食樹になる可能性はあるが、実際には、このあたりにはエゾシロチョウの姿はみられなかった。

亜高山針葉樹林帯を下ると、針広混交林帯となり、エゾマツ、トドマツの針葉樹に混じって、ウダイカンバ、シナノキ、エゾヤマザクラ、ハルニレなどの広葉樹がみられる。そのなかにシウリザクラも混在する。山地帯のエゾシロチョウ個体群は、このシウリザクラで繁殖している、と考えてよいだろう。

だから、山地帯のシウリザクラで羽化した蝶が、風に乗って旭岳のお花畑まで上ってきた、と考えられないこともない。しかしエゾシロチョウは、高山植物の花蜜を吸って栄養をつけたのち、すぐ産卵にかかるはずである。高山帯にまで上ってきたエゾシロチョウが産気づいてきたとき、シウリザクラの匂いをもとめて大空を舞い降りる、ということは考えにくい。エゾシロチョウには、移動性はあるが、回帰性の行動は観察されていない。

旭岳のエゾシロチョウは、産卵ムードに入ったら、おそらく、近くの植物に産卵するにちがいない。ではそれは、どんな植物だろうか。旭岳・姿見の池あたりにはウラジロナナカマドがたくさん存在する。前述したように、エゾシロチョウの「異常食性」としてナナカマドが記録されている。大雪山の高山植物帯では、ウラジロナナカマド（*Sorbus matsumurana*）がエゾシロチョウの「通常の食樹」になっているのではないか。私にはそう思われてきた。

この考えに疑問がないわけではない。もしそうなら、ウラジロナナカマドの葉に群生するエゾシロチョウの幼虫（毛虫）群が観察されてもふしぎではないが（とくに幼虫が老熟する六月に）、しかしそんな記録はない。もし、旭岳のお花畑にエゾシロチョウの繁殖樹が存在しないとすれば、かの女たちは死滅することになる。旭岳山頂付近で私たちがみたエゾシロチョウの群れは、夏の微風に乗って舞い上がってきた、無駄な放浪群にすぎないのだろうか。

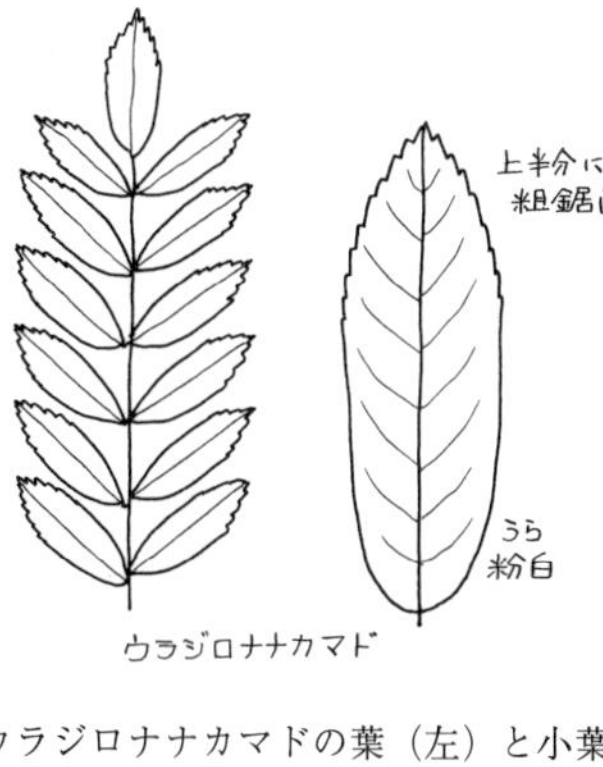

ウラジロナナカマドの葉（左）と小葉のひとつ（右）　エゾシロチョウの幼虫はこの葉を食べているのだろうか。

登山蝶・コヒオドシ

エゾシロチョウとおなじように、平地帯から高山のお花畑まで生息している蝶がほかにもいる。コヒオドシ（タテハチョウ科）である。私たちも今回、大雪山のお花畑でコヒオドシをたくさんみた。この蝶はイラクサの仲間を食草にしている。低山帯のイラクサ類で羽化したコヒオドシは、夏、風に乗って高山帯まで登ってくる。登山者のあいだでは、この蝶は登山蝶と呼ばれている。この蝶は、吸蜜後すぐ産卵する

エゾノツガザクラの花にとまるコヒオドシ　長い成虫期間を生きていくためのエネルギー源を高山植物の花蜜に依存している（大雪山にて、写真撮影：秋山列子）。

ことはない。産卵は来年の春である。この蝶は、秋になると山を降りる。そして低山帯で成虫のまま冬を越す。翌年の春、コヒオドシはイラクサ類に産卵して、長い成虫期間を終える。コヒオドシは、長い成虫期間を生きていくためのエネルギー源を、高山植物の花蜜に依存しているのである。コヒオドシが夏高山に登り、秋には高山を降りるとしても、それだけの理由がある。

エゾシロチョウは、花蜜を吸ったのち、すぐ産卵する。卵はまもなく孵化し、幼虫となる。そして幼虫態で冬を越す。コヒオドシの生活の仕方とはかなり異なる。

エゾシロチョウは、平地帯から山地帯まで、それぞれの地域で、それぞれの個体群が独立的に生活しているのではないか、と思う。大雪山山頂付近の個体群も、下から上ってきたものではなく、高山帯の植物に支えられて生活している「高山帯個体群」ではないか、と思う。もしそうなら、エゾシロチョウは立派な高山蝶、ということになる。私は、そう考えたい。しかしそういえるためには、やはり、ウラジロナナカマドの葉を食べているエゾシロチョウの幼虫集団が確認されなくてはならない。

以上、大雪山のエゾシロチョウについて、しらべたこと、疑問に感じたこと、そして考えたことを、NHK文化センター仙台教室で話した。いつものことだが、受講生のみなさんに話しながら、自分自身で納得できる場合と、なんとなく納得できない場合がある。納得できない場合は、推理や論理の組み立てに無理があるときだ。そんなときは、もう一度、考えなおす。この教室は、私にとっては、推理や論理を磨く場になっている。

エゾシロチョウはツンドラ低木原野の蝶

NHK文化センター仙台教室で、前記のような話をした。あとになって、たまたま、朝日純一・ほか『サハリンの蝶』という本を入手し、なにげなく読んでいて、興味ある記述をみつけた。

その本によると、サハリンにはエゾシロチョウに二つの変異集団が存在する。ひとつは、南部の森林周辺に生息する個体群で、幼虫はバラ科（エゾサンザシ、エゾノコリンゴ、エゾノウワミズザクラ）を食餌にしており、もうひとつは、北部の泥炭湿原に生息し、クロマメノキ（ツツジ科）を幼虫の食餌にしている個体群である。クロマメノキは、サハリン北部の湿原植生の主たる構成員になっており、エゾシロチョウが大発生したときは、あちこちでクロマメノキが丸坊主にされている、という。そして、近くにバラ科樹木があっても食べないという。

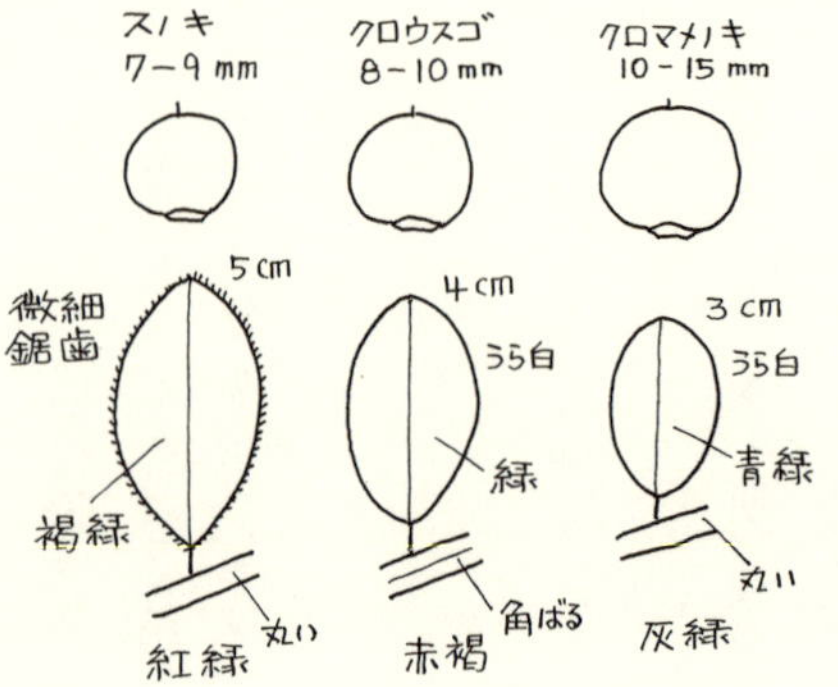

日本の亜高山帯にみられるブルーベリー3種　実はどれも黒紫に熟す。サハリンでは、エゾシロチョウはクロマメノキを食餌植物にしている。

かつて私は、大雪山の黒岳に登ったとき、クロマメノキの実を食べた記憶がある。しかし今回、旭岳・姿見の池あたりを歩いときは、クロマメノキには気づかなかった。クロマメノキは、学名を *Vaccinium uliginosum*《ヴァシニウム・ウリギノスム》という。*uliginosum* とは「沼地に生きる」という意味だそうだ。福島県吾妻山の浄土平の湿原には、背丈が二〇〜三〇センチの、矮性《わいせい》のクロマメノキの群落がみられる。じくじくした湿原がクロマメノキの本来の生息場所とすれば、大雪山でも、われわれが入っていけないような湿原に、クロマメノキが群落をなして存在しているのかもしれない。そしてその群落で、エゾシロチョウが繁殖しているのかもしれない。

私はさきに、大雪山のエゾシロチョウは、ウラジロナナカマドで繁殖しているのではないか、と推測したが、この『サハリンの蝶』という本を読んで、クロマメノキの可能性も考慮しなくてはならない、といまは考えなおしている。

サハリン北部の泥炭湿原は、一種のツンドラ低木原野といえる。エゾシロチョウはシベリアにも生息しており、基本的には「ツンドラ低木原野の蝶」といえるのかもしれない。私は、この本の原稿を書きながら、大雪山の生きもの（蝶、動物、野鳥など）をしらべていて、大雪山の高山帯草原は一種のツンドラ低木原野ではないのか、と考えるようになっていた。だから、エゾシロチョウがツンドラ低木原野の蝶であれば、それが大雪山の湿性お花畑に生息していても、納得できる。

エゾシロチョウの食樹遍歴・再考

前の本『森と樹と蝶と』のなかで、私は、エゾシロチョウがふるさと・中国西部の山岳地帯を出て、日本の北海道までやってきた旅の経路を書いた。旅のはじまりは、食樹をメギ（メギ科）からコトネアスター（バラ科）に転換したことがきっかけとなる。その食樹転換によって、エゾシロチョウの生活可能地域は、ユーラシア大陸の北部全域に拡大することになる。そして北海道群は、中国東北部から直通でやってきた。前書の原稿を書いていたときは、単純にそう考えていた。

しかしいま、サハリン北部の湿地帯にクロマメノキを食餌とするエゾシロチョウ個体群（仮に「クロマメノキ個体群」と呼ぶ）が存在することを知った。そして、大雪山のお花畑のエゾシロチョウ群も、もしかしたら、サハリンの「クロマメノキ個体群」の流れを汲む一派かもしれない、と考えなおすようになった。

では、サハリンの「クロマメノキ個体群」は、どのようなコースを通って、北海道大雪山に定住するようになったのだろうか。いろいろ考えて、199ページの図のような経路図ができた。基本的には、前書で描いた図とは異ならないが、その図に、シベリアのツンドラ低木原野を通り、サハリンを経由して、北海道・大雪山にいたるコースが追加されることになった（追加経路は太線で示してある）。そのあたりを、もう少し詳しく述べると、つぎのようになる。

ロシアのタイガ（針広混交の森）で、リンゴ類、サンザシ類、ウワミズザクラ類を食餌にしていたエゾシロチョウ群のなかから、食餌をツツジ科クロマメノキに転換するものがあらわれた。その結果、タイガの北に広がるツンドラ低木原野に進出することが可能になった。クロマメノキは、ツンドラ低木原野に広く分布している樹だからである。クロマメノキを食餌にしたエゾシロチョウ群は、シベリアのツンドラ低木原野を東に進んでサハリンに入る。そして、サハリン北部の低湿地帯に定住する。

これは、サハリン南部や北海道の森林地帯にすみ、シウリザクラ・エゾノウワミズザクラ・エゾノコリンゴ・エゾサンザシを食餌にしているグループ（仮に「バラ科個体群」と呼ぶ）とは異なる。「バラ科個体群」は、タイガの森林地帯を通って、サハリン南部や北海道にやってきたグループ、と私はみている。

やがて氷河期がやってくる。サハリン北部の「クロマメノキ個体群」も、南部の「バラ科個体群」も、北海道にむかって南下する。そして、「クロマメノキ個体群」は北海道中・北部に、「バラ科個体群」は北海道南部にすみつく。

やがてふたたび温暖期がやってきて、エゾシロチョウたちは北に帰っていくが、「クロマメノキ個体群」のなかには、帰るコースをまちがえ、大雪山に登るものがあらわれる。そして、高山帯のツンドラ低木原野にすみつく。

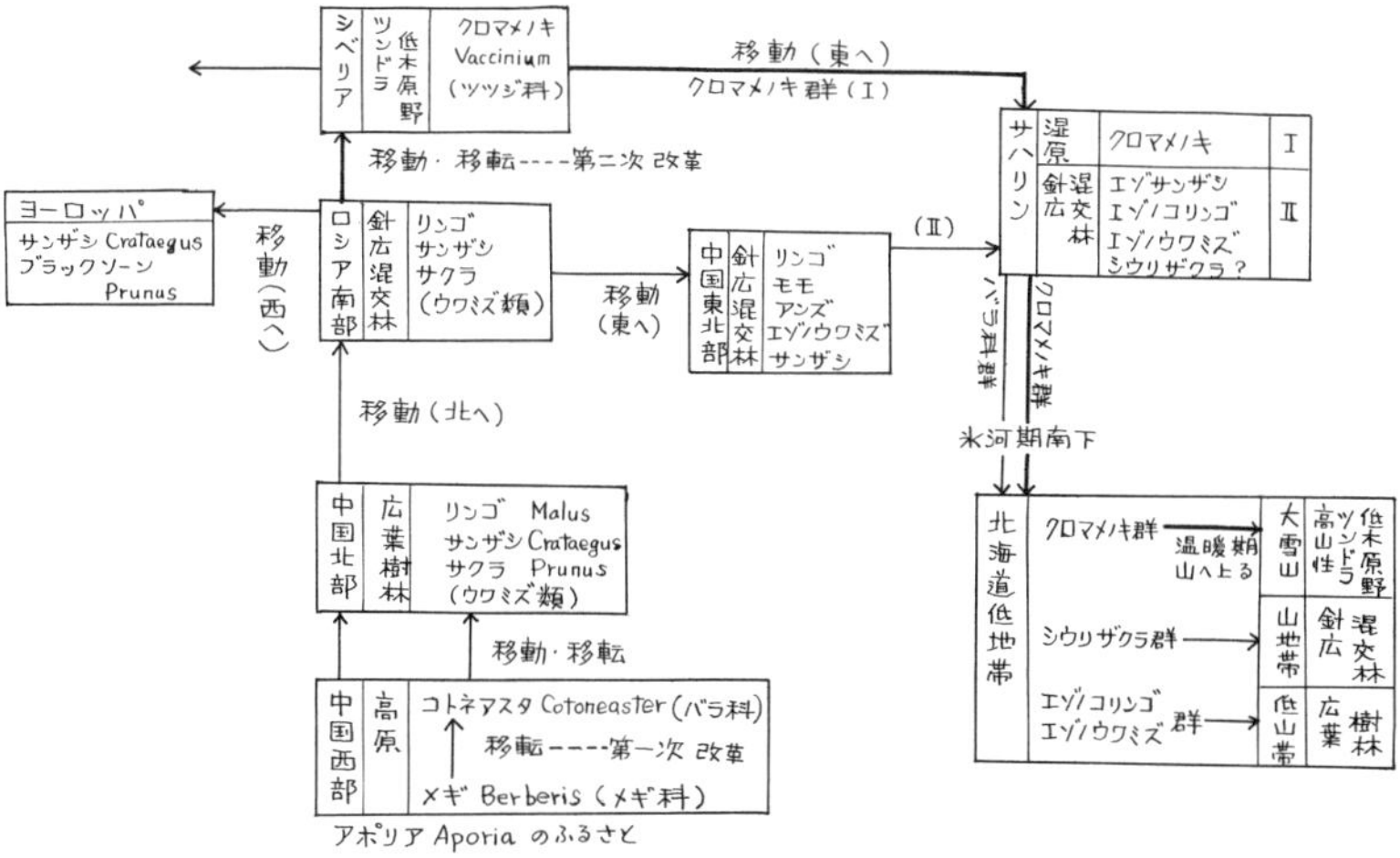

エゾシロチョウの食樹遍歴（西口原図）　アポリアのふるさと中国西部から北海道大雪山へと、エゾシロチョウは、さまざまに食餌植物を変えながら旅をしてきたのだろう。

これは私の勝手な推理話であるが、ひとつ気になることがある。『サハリンの蝶』の写真によると、サハリンの「クロマメノキ個体群」は羽の色が黒ずんでおり、「バラ科個体群」の羽は白っぽい。ところが、私たちがみた大雪山お花畑の個体群の羽は白っぽい。だから、大雪山の「高山帯個体群」が、サハリンの「クロマメノキ個体群」の流れを汲むもの、とは断言できない面もある。いずれにしても、この問題を解くためには、大雪山山頂付近に生息するエゾシロチョウ群が、なにを食餌にしているのか、確認しなくてはならない。

　一冊の本『サハリンの蝶』と出会って、私のエゾシロチョウの旅物語は、筋書きが多様化し、内容はいっそう楽しいものとなった。『サハリンの蝶』の著者たちに感謝したい。私は、今回の本では、森や草原の生きものを、メルヘンとして書いている。もちろん、目指しているのは、真実への探求、なのだが、真実への接近はそう簡単なことではない。だから、メルヘンなのである。もし、私の本を読んで、旭岳のエゾシロチョウに興味が湧いてきたら、みなさんの目で、確かめてみてください。そして、情報をください。

エゾシロチョウ二つの自己改革

エゾシロチョウは、ふるさと（中国西部の山岳地帯）を出るとき、大きな自己改革をしている。食餌《しょくじ》植物をメギ科からバラ科に転換したのである。この改革によって、エゾシロチョウは、サクラ属、リンゴ属、サンザシ属を食餌にして、ユーラシア北方域の低山帯に広がるタイガ（針広混交林）に進出することができた。そしてさらに、エゾシロチョウは、食餌をバラ科からツツジ科クロマメノキに転換することによって、タイガの北に広がるツンドラ低木原野に進出することができるようになった。メギ科からバラ科への転換を「第一次改革」とすれば、バラ科からツツジ科への転換は「第二次改革」ということができる。エゾシロチョウという種族は、進歩的な性格をもった生きものだ。その向上心があるからこそ、ヨーロッパから極東アジアにまで、広範な生活圏を手に入れることができたのである。エゾシロチョウ物語は、自己改革者の成功物語でもある。

（2）ウスバキチョウ　―大雪山のパルナシウス―

大雪山の麗しき妖精

大雪山の蝶といえば、麗《うるわ》しき夏の妖精・ウスバキチョウ（*Parnassius eversmanni*）を想い出す。いまから四十数年前、私は、林学の研究者として、北海道・富良野《ふらの》（東京大学北海道演習林）へ赴任した。そしてある夏の数日間、数人の仲間と大雪山を縦走した。前日は層雲峡の温泉で心身をととのえ、一日目は黒岳に登って石室《いしむろ》でざこ寝し、二日目は北鎮から雲ノ平をへて旭岳まで縦走して湧駒別《ゆこまんべつ》温泉（現・旭岳温泉）に降り、三日目はエゾマツ・アカエゾマツの針葉樹林のなかを歩いて天人峡まで足を延ばした。

大雪山縦走中は、コマクサばかり探して歩いた。憧れのウスバキチョウに会いたかったからである。何度か、遠くのほうで、それらしい黄色い蝶をみたが、仲間づれの縦走中で、蝶をゆっくり追跡する余裕はなかった。もう一度、一人で、ゆっくり会いにくるからな。黄色い蝶にそう叫んで、仲間のあとを追った。

しかしそれ以後、いまだにかの女と対話するチャンスにめぐまれていない。いまは大雪山も登山者が多くなり、山道には柵が設けられて、うっかり踏みはずすと、監視員にどなられてしまう。ウスバキチョウも、雑踏する山を敬遠し、白雲岳《はくうん》あたりまで遠出しないと、みられないらしい。

ウスバキチョウの出現は七月中旬にピークを迎える。しかし今回の旭岳トレッキングでも、かの女には会えなかった。それは、旭岳周辺にはコマクサの群落がないからである。私はもう齢《とし》で、足もよわってきた。白雲岳あたりまで遠出するのも、少々困難を感じる。大雪山のウスバキチョウに会えるチャンスは、もう、ないかもしれない。そこで、空想の世界で、かの女と遊ぶことにした。それが、これから書こうとしている「ウスバキチョウ物語」である。

日本のパルナシウス

ウスバキチョウは、アゲハチョウ科パルナシウス属（*Parnassius*）にぞくする。パルナシウスは、原始的なアゲハチョウの仲間で、日本には三種いる。ウスバシロチョウ、ヒメウスバシロチョウ、それにウスバキチョウである。ウスバシロチョウ（*P. glacialis*）は宮城県鳴子の、東北大農場にもたくさん生息している。五月末から六月はじめごろ、真夏を思わせるような暑い日になることがある。そんな日にはきまって、ウスバシロチョウがいっせいに舞い出てくる。

ウスバシロチョウは、日本では北海道・本州・四国に分布し（九州にはいない）、ヒメウスバシロチョウ

ウスバキチョウ　北海道の大雪山でコマクサを食餌にして生きている高山蝶である。

(*P. stubbendorfii*) は北海道だけに分布する。しかし両者は、形態も生態もよく似ており、同種とする見解もある。だから別種としても、ごくごく近縁な関係にある。それでこの本では、両種を一括して、ウスバシロチョウ群として表示することにする。幼虫はケシ科キケマン属（*Corydalis*）の葉を食べる。日本ではムラサキケマンやエゾエンゴサクが食草になっている。

ウスバキチョウは、日本では北海道の大雪山系（十勝岳・富良野岳を含む）だけに生息している。幼虫はケシ科コマクサ属（*Dicentra*）の葉を食べる。ウスバキチョウの分布の中心は大陸側にある。朝鮮半島北部、中国北部・東北部、ロシアのアムール、東シベリアからアラスカまで分布している。基本的には周北極圏の生きものといえる。

ウスバキチョウについては、私は、前まえから、ひとつの「なぞ」を感じていた。ウスバキチョウは北海道大雪山でコマクサを食餌にしながら生きている蝶である。しかし、本州の高山帯には、コマクサがあるにもかかわらず、ウスバキチョウは生息しない。それはなぜなのか？

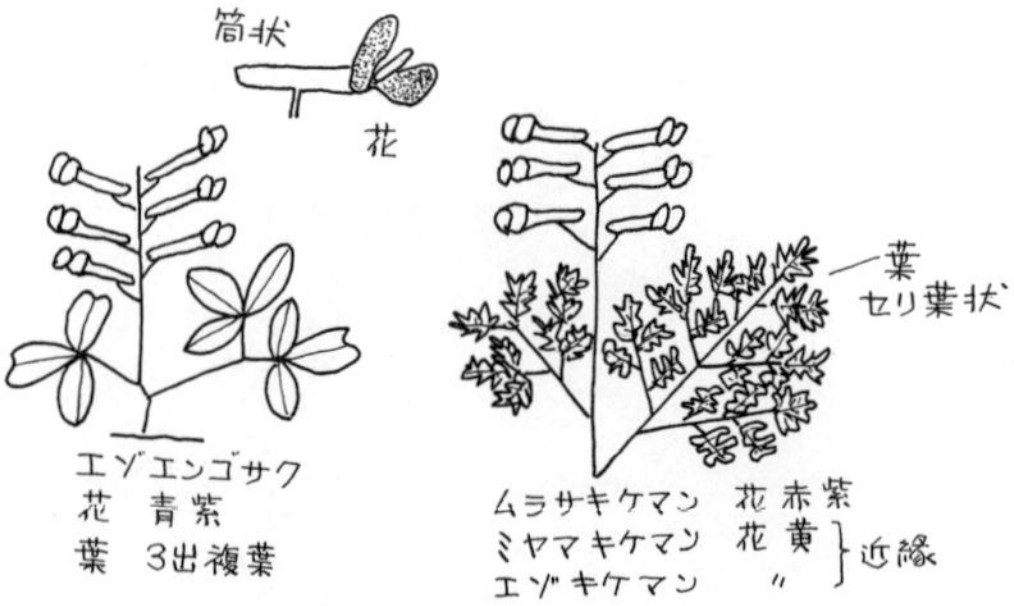

日本に野生するキケマン属2種　ウスバシロチョウの幼虫の食餌植物である。

私は考えた。ウスバキチョウが、どこから、どんなルートを通って日本の北海道にやってきたのか、そのルートをたどっていけば、そのなぞの解明につながる「なにか」を発見できるかもしれない、と。ああでもない、こうでもない。いろいろ考えていて、最終的に、あるひとつのシナリオがみえてきた。

それは、ウスバキチョウは、北海道にやってきてコマクサに遭遇し、コマクサに命を救われ、大雪山にコマクサ―ウスバキチョウ王国を建設した、というシナリオである。そして、この「ウスバキチョウ物語」ができあがった。私は、その作業をしながら、一方で、推理小説を書いているような、おもしろさと楽しさを味わった。その顛末《てんまつ》を、これから綴ってみたい、と思う。

ウスバキチョウ、ふるさとを離れて旅に出る

パルナシウスのふるさとは中央アジアの高地帯にある。パルナシウス属は世界に四〇種ほど存在するが、いまでもその九〇パーセン

トは、中央アジア高地（天山《ヤンシャオ》山脈、崑崙《コンロン》山脈、パミール高原、ヒンズークシ山脈、カラコルム山脈など）に生息している。

そのパルナシウスの一部が、中央アジアの山を降り、未知の世界・ヨーロッパや東北アジアへむけて旅に出る。そして、その地域の環境に適応し、そこに生活圏を構築することによって、新しい種に変身していく。そのひとつが、日本にもいるウスバキチョウ・ウスバシロチョウ群である。

私は、前書『森と樹と蝶と』のなかで、つぎのような推理をしている。

「中央アジアの山岳地帯（標高四〇〇〇～五五〇〇メートル）から最初に山を降りたのは、オルレアンウスバ（*Parnassius orleans*）らしい。この種は現在、中国西部高地（四川・青海・チベット）の、標高二五〇〇～五〇〇〇メートルあたりの草原に生活圏を設定している。このオルレアンウスバを拠点として、さらに多くのグループが山を降りる。東北方向に進んだグループは、ひとつは低地帯に降りてウスバシロチョウ群となり、もうひとつは、北極圏周辺まで北上してウスバキチョウになる。」

では、ウスバキチョウは、いつ、どこから、どんなコースをたどって日本の北海道にやってきたのだろうか。学研『オルビス学習科学図鑑・昆虫1』を眺めていたら、ウスバキチョウとウスバシロチョウ群の現在の分布図が載っていた。これは、子供むけの図鑑だが、けっこう、おもしろい情報が得られる。この蝶たちの分布図と、中国東北部から極東ロシアにかけての山岳地形図（世界地図帳から）を、何回も何回も眺めていると、左記のような、ウスバキチョウの旅物語が浮かんできた。

ウスバキチョウとウスバシロチョウ群の別れ道

ウスバキチョウとウスバシロチョウ群は、もともと同一グループの集団にぞくしていたが、中国西部の山岳地帯を出てから、それぞれ別々の進路を歩むことになる。ここで両者の別れがはじまる。ウスバシロチョウ群はずっと下の低山帯まで降りてしまうが、ウスバキチョウは、最初は、より高い山岳地帯をゆく。そして、東シベリアのツンドラ地帯に到達して、はじめて低地帯に降りてくる。これは、両群が、生活場所をすみわけることによって、餌（キケマン属）の争奪戦を避けようとしたことのあらわれ、と私はみている。

『中国高等植物図鑑』をひもといてみると、高山性キケマン類は、北部・東北部の高山帯に八種、西部の四川・雲南の高山帯に六種が記載されている。中国の高山帯にキケマン属の高山植物が多種存在することがわかる。そして、これらの高山性キケマン類が、オルレアンウスバやウスバキチョウなどの食餌になっているにちがいない。

一方、中国東北部の低山帯には別のキケマン類が存在する（図鑑には五種が記載されている）。そのなかには、日本のウスバシロチョウ群の重要な餌植物になっているエゾエンゴサク（*Corydalis ambigua*）やムラサキケマン（*C. incisa*）も含まれている。ウスバシロチョウ群は、これらの低山性キケマン類を食餌にすることによって、中国東北部、ロシアのアムール・カラフトから日本にかけての低山帯に、自分たちの生活圏を設定することができた。

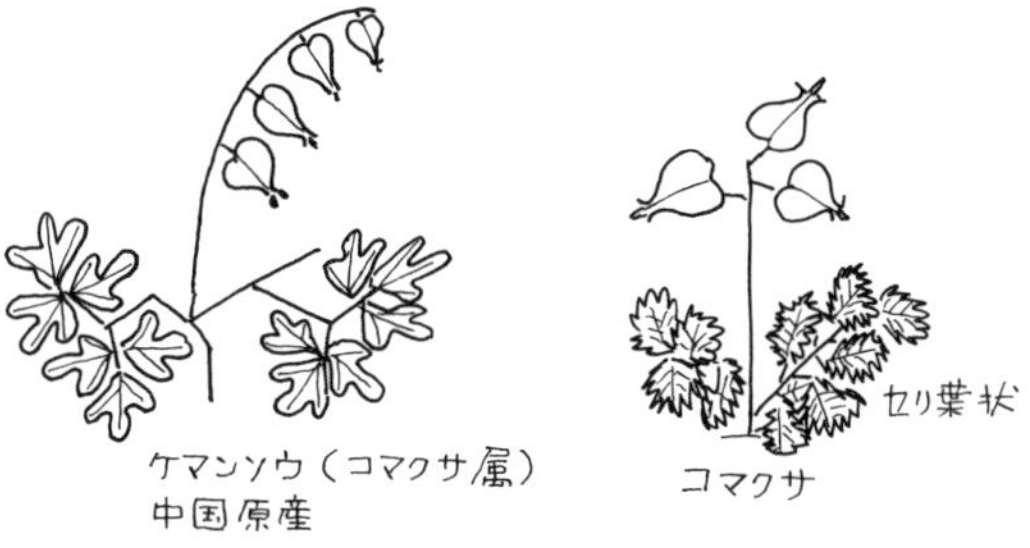

コマクサとケマンソウ　コマクサは北海道ではウスバキチョウの食餌植物になっている。同じ属のケマンソウは中国がふるさとで、日本では栽培されている。

ウスバキチョウの食餌植物　―大陸ではキケマン属？―

ウスバキチョウ（幼虫）は、大雪山ではコマクサ（*Dicentra peregrina* ケシ科コマクサ属）を食べているが、中国の山岳地帯にすむウスバキチョウもコマクサ属の草を食べているのだろうか。私は最初、単純に「コマクサを食べるもの」と思っていたのだが、よく考えてみると、どうもそうではないらしい。なぜなら、中国の高山帯にはキケマン属の草が多種存在するのに、コマクサ属の草は一種も存在しないからである。

『中国高等植物図鑑』をひもといてみると、コマクサ属はつぎの二種しか記載されていない。すなわち、東北部に一種（*Dicentra*《ディセントラ・》 *spectabilis*《スペクタビリス》 日本ではケマンソウの名で呼ばれているがコマクサの仲間）と四川・貴州・湖北にもう一種ディセントラ・マクランタ（*D. macrantha*）、の二種だけである。しかもこの二種は、高山植物ではないらしい。だから、中国の高山帯にすむウスバキチョウが、わざわざコマクサ属に食餌転換する可能性は少ないし、また、転食する必然性もない。

保育社『原色日本蝶類生態図鑑Ⅰ』をしらべてみると、「ウスバキチョウの食草は（日本では）コマクサのみ知られており、国外ではカラフトケマンやケマンソウなどの記録がある」とある。ケマンソウとは、前述したように、名はケマンであるが、コマクサ属の野草である。この草がウスバキチョウの食餌になることは十分考えられるが、それが、中国山岳地帯で、ウスバキチョウの自然の食草になっている、とは考えにくい。

昆野安彦『北米大陸　蝶の旅』という本によると、アラスカのツンドラ地帯にもウスバキチョウが生息しているが、そこにはコマクサ属が存在せず、ウスバキチョウの食草は不明だが、キケマン属のコリダリス・パウシフロラ（*Corydalis pauciflora*）が食草らしい、と著者は推測している。

ウスバキチョウの日本への旅　—そのルートを推理する—

ウスバキチョウは、現在、中国北部・東北部からアムール、東シベリアをへてアラスカまで、かなり広く分布しているが、地域地域で亜種化が進んでいるという。大雪山のウスバキチョウには、ssp. *daisetsuzana*《ダイセツザナ》という亜種名がつけられているが、それは、朝鮮半島の亜種（ssp. *sasai*《ササイ》）やロシア沿海州のシホテ・アリン山脈の亜種（ssp. *maui*《マウイ》）とは、羽の斑紋がかなり異なり、むしろ、遠く離れたヤブロノーヴィ山脈（バイカル湖東）の亜種（ssp. *septentrionalis*《セプテントリオナリス》）によく似ているという（『原色日本蝶類生態図鑑Ⅰ』）

このことから、私は、北海道・大雪山のウスバキチョウは、朝鮮半島や沿海州から流れてきたものではなく、もっと別のルートを通って日本列島に入ってきたのではないか、という推測をたてた。ではそれは、どんなルートだろうか。いろいろ考えていて、私の頭のなかに、ひとつのルートがみえてきた。

東シベリアからアラスカにかけてのツンドラ地帯に生活の拠点を築いていたウスバキチョウ群（周北極圏グループ）は、氷河期がやってくると南下をはじめる。おそらく、ほとんどのものは、来た道（大陸コース）を帰っていくが、帰り道をまちがえたグループもいる。東シベリアの海岸ぞいに生息していた一群は、南下コースをカラフトにとり、そのまま北海道に入ってしまった（211ページの図参照）。これは、来た道とは異なる。

そしてしばらく北海道の低地帯に滞在するが、また温暖期がやってきて、ウスバキチョウの北帰行がはじまる。ここでもまた、帰るべき道をまちがえたグループがあらわれる。かの女らは、カラフトにむかわず、高い山（大雪山）に上ってしまうのである。これが現在の、大雪山ウスバキチョウ群である。そして、いったん大雪山にすみついてしまうと、つぎの氷河期も間氷期も、北海道のなかを上下に移動するだけとなる。そして、大陸の個体群からは隔離状態となり、交渉がなくなり、大雪山亜種に分化していく。

朝鮮半島北部とロシア・沿海州の高山帯にすみついていたグループは、氷河期に、朝鮮半島を南下して日本列島に入ってきてもふしぎではないが、実際は南下しなかったらしい。本州の高山帯にウスバキチョウが存在しないことから、そう考えられるのである。

あでもない、こうでもない。いろいろ、空想混じりの推理をつづけているうちに、このようなウスバキチョウの旅行記ができてきた。そして、推理はまだつづく。

ウスバキチョウ、北海道でコマクサに出会う

大雪山には、ウスバキチョウの生活にとって、ひとつの重大な困難があった。それは、大陸でウスバキチョウの生活を支えてきた高山性のキケマン属が、大雪山には、一種も存在しないことである。じつはこれは、大雪山だけの話ではない。日本列島には、理由はよくわからないが、どこの高山帯にもキケマン属の高山植物が存在しないのである。低山帯には、多種存在するというのに。山と溪谷社『日本の高山植物』には、*Corydalis* の名は一種も出てこないが、『日本の野草』には *Corydalis*《コリダリス》 属は八種も出てくる。

だから、ウスバキチョウが大雪山の山頂付近で生きていくためには、新しい食餌植物を見つけなければならない。ところが、まことに幸運なことに、大雪山にはおなじケシ科のコマクサが自生していた。コマクサは、ウスバキチョウがやって来るはるかむかしから、北海道にすみついていたのである（後述）。ウスバキチョウは、コマクサに食餌転換することによって、大雪山で生きていくことができた。大雪山のウスバキチョウがコマクサを食餌にしているのは、そうせざるを得ない必然性があったのである。

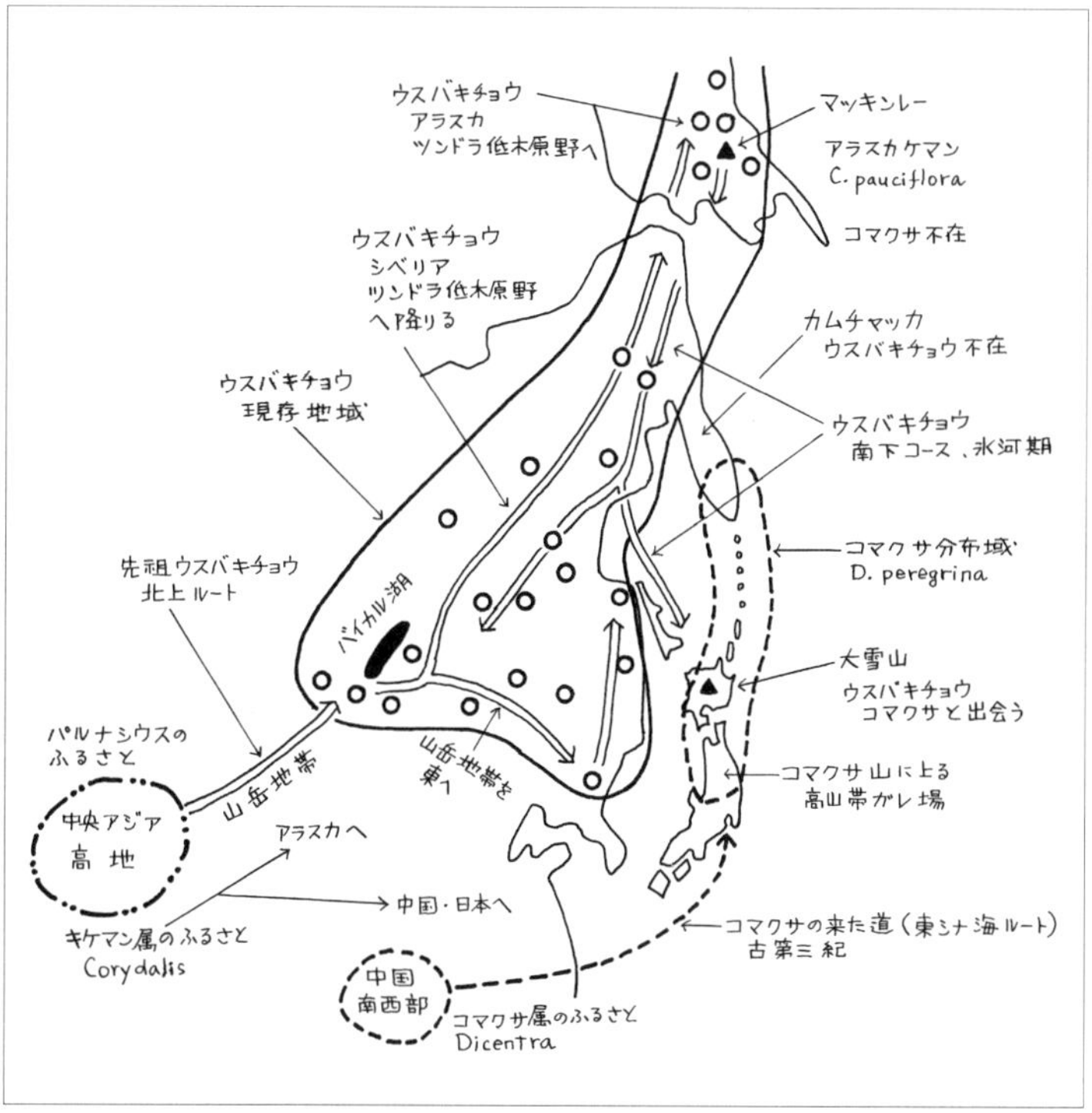

ウスバキチョウとコマクサの出会い（西口原図）　中央アジア高地をふるさとにもつパルナシウスと、中国南西部がふるさとのコマクサが、長い旅をへて、日本で出会った（○印はウスバキチョウの現産地）。

実際は、ウスバキチョウがコマクサに出会ったのは、氷河期、北海道の低地帯であったのかもしれない。氷河期がやってきて、ウスバキチョウはカラフトから北海道へ南下してくるのだが、コマクサも大雪山から低地帯に降りていったことだろう。そこでウスバキチョウはコマクサに出会う。そして、その美しい姿にほれこんで、コマクサに食餌転換するものがあらわれた。蝶にコマクサの美しさがわかるの？　そんな声が聞こえてくるが、それを否定する根拠もない。

やがてまた、温暖期がやってくる。そして、ウスバキチョウの多くは、シベリアのツンドラ低木原野に帰っていくが、北海道でコマクサに乗り換えたウスバキチョウたちは、カラフトには行かず、大雪山に登ることになる。なぜなら、コマクサは、からからに乾燥した砂礫地の植物だから、湿原地帯のカラフトには行けないのである。

コマクサって、なにもの？

北海道でウスバキチョウと共同王国を構築したコマクサって、いったい、なにものだろうか。高橋秀男監修『野草大図鑑』をひもといてみると、つぎのような記述がある。

「砂礫地にタカネスミレ群と混生して大群落をつくるパイオニア的存在で、秋田駒ケ岳、火打《ひうち》岳、蓮華《れんげ》岳、燕《つばくろ》岳、乗鞍岳などは名所。高山のきびしい環境では、表土は凍結・融解のくりかえしで、砂礫はたえず移動している。ここがコマクサの住処である。茎や葉は粉白緑色を帯び、ピンクの馬面をした花は、高山植物の女王にふさわしい。分布は北海道、本州（中部以北）。」

コマクサは高山帯の不安定な砂礫裸地に生きている。これは、コマクサが、原始的な、競争力のよわい生きものであり、競争相手が入ってこれないような、きびしい場所に逃げこんでいることを示している（上高地のケショウヤナギに似ている）。

ではコマクサは、世界の、どんな地域に分布しているのだろうか。前述の『樹木大図鑑』によると、北海道、本州（中部以北）に分布する、とある。ほかの植物図鑑類をみても、ほぼ似たような記述で、この草が、日本特産なのか、日本以外のどこかに存在するのか、明快な記述はなかった。冨山稔・森和男『世界の山草・野草』をみても、*Corydalis*（キケマン属）の名はたくさん出てくるのに、*Dicentra*（コマクサ属）の名はひとつも出てこない。コマクサは美花だから、存在すれば、かならず人の目に止まるはずである。

情報がほしくて、書斎の本棚をひっかきまわして、やっと一冊みつかった。それは小さな本だった。保育社「カラー自然ガイド」のひとつ、堀田満『日本列島の植物』に、「コマクサは日本からカムチャツカにかけて分布する」とあった。

そうか、カムチャツカにも分布しているのか。コマクサが、日本列島から千島、カムチャツカにかけて分布する、ということは、日本列島・千島・カムチャツカ半島が陸つづきであった時代に、コマクサは日本にやってきたことを暗示する。これは、コマクサの日本へ来た道を考えるうえで、おおいに参考になった。

日本・火山列島に救われたコマクサ

中国には、コマクサ属の野草が二種、存在する。日本のコマクサ（*Dicentra peregrina*）も、ふるさとは中国大陸ではないかと思う。しかし、中国大陸では絶滅してしまい、日本列島に逃げてきたものだけが、かろうじて生き残った。コマクサが日本列島に入ってきたのは、東シナ海が陸地であったころで、時代は、はるかむかし、古第三紀のころではなかったか、と推測する。コマクサは、さらに、北海道から千島列島を経由してカムチャツカまで足を伸ばしている。古第三紀は、北海道・千島列島・カムチャツカは陸つづきで、そのまま、北アメリカまで行けた時代である。そのときコマクサは、高山植物ではなく、低山性の植物だったと思う。ただ、乾燥・裸地を好む第一級の陽性の野草だった。だから、日本列島に逃げこんできても、日本は森林国だから、低山帯の尾根筋か崩壊地か、あるいは海岸の絶壁に、細ぼそと生きていたにちがいない。しかし、極端に人ぎらい（草ぎらい）だったから、さらに、人（草）のいないところを求めて放浪の旅に出る。そしてとうとう、高山帯の、強風の吹きっさらしの、砂礫裸地にまでやってきた。

幸い、コマクサの競争相手たち（キケマン属、ほか）は、高山帯の砂礫地までは追っかけてこなかった。コマクサは、日本列島の高山砂礫地帯に、やっと安住の地を見つけることができた。コマクサは日本という火山列島に救われた。そのお礼に、コマクサは、火山山頂部（お釜あたり）の、殺風景な裸地を、ピンクの花で飾った。

北海道に到着したコマクサは、さらに千島列島を通って、カムチャツカまで足を延ばしている。カムチャツカは、知られざる火山半島で、高い山やまがつらなっている。コマクサが好む場所（高山の砂礫地）もいっぱいある。おそらくカムチャツカにも、コマクサの楽園が形成されているにちがいない。

それからどのくらい年月が経過したのだろうか。氷河期がやってきた。シベリア・ツンドラ地帯からは、ウスバキチョウが南下して北海道にやってきた。そこでウスバキチョウはコマクサと運命的な出会いをする。そして大雪山に、コマクサ―ウスバキチョウの共同王国を築く。しかし、千島やカムチャツカでは、コマクサ―ウスバキチョウ王国を築くことはできなかった。なぜなら、ウスバキチョウが北海道に来たころは、すでに、北海道と千島は、海で切り離されてしまっていたからである。北海道大雪山は、世界で唯一、コマクサ―ウスバキチョウの王国となった。これは、日本国にとっても、誇るべき宝もの、といえる。

12章　ヤドリギをめぐって

(1) カザリシロチョウ物語　―雲南からニューギニアへ―

野象の森へ

西双版納《シーサンバンナ》は、中国雲南省の最南端に位置する。気候的には亜熱帯で、熱帯雨林があちこちに残っている。ミャンマー、ラオス、ベトナムに国境を接し、タイとも近い。ミャンマー、タイ、ラオスの国境が接する地域は、いわゆる「麻薬の三角地帯」と呼ばれている。そこは、南シナ海あるいはベンガル湾からみると、はるかかなたの山のなか、容易に近づけない秘境の地、と思っていたが、中国の雲南からみると、麻薬の三角地帯は、もうすぐそこにある。西双版納は、そんなところにあった。ここは、中国というより、東南アジアの一部、とみたほうがわかりやすい。

西双版納の州都・景洪《チンホン》は、昆明《クンミン》（雲南省の省都）から南へ七〇〇キロ、飛行機で約五〇分の距離にある。私たち一行（ＮＨＫ文化センター仙台教室）は、平成十二年五月下旬、西双版納にいた。二度目の探訪である。今回の目的は、野象の森をハイキングすることであった。この森では、うまくすれば、野象の群れに出会うこともあるという。私は、野象に興味があったわけではないが、野象が生息するような森であれば、きっと自然本来の熱帯雨林がみられるにちがいない。そんな、漠然とした期待があった。

野象の森（野象谷風致区）は景洪から北へ四七キロのところにある。面積は三六九ヘクタール、海抜は七五〇～一〇〇〇メートル、低い丘が起伏する谷地である。河川が縦横に走り、密林がうっそうと茂っている。森のなかには、長さ五キロの観光歩道が設置されている。

雲南省の観光パンフには、こう書いてある。今回、実際に歩いてみて、なかなか楽しい自然観光地であることがわかった。

野象の森で熱帯雨林を空からみた。森の上をリフトで行くのだ。ときどき、木の枝にランの花をみる。熱帯雨林は樹木着生ランの宝庫だという。林内は暗いから、地上の草本たちも、光を求めて高木の幹を登っていく。その代表が樹木着生ランなのだ。

カシ・シイ・マテバシイらしき照葉樹もみられるが、そのほかにも、われわれにはなじみのない樹種がさまざま混在しているようで、森の特徴はつかみにくい。特徴がない、ということが、熱帯雨林の特徴、といってもよいのかもしれない。

熱帯雨林を上空からみると、いろいろな木々が樹冠部で花を咲かせており、そのまわりを蝶が乱舞していた。カザリシロチョウらしき白い蝶がフワフワ飛んでいた。キシタアゲハが木と木のあいだを縫うように、悠々と飛翔していくのがみえた。熱帯雨林は、林冠部が樹木たちのお花畑であり、蝶たちの遊ぶ庭になっていることを知った。

リフトの終点から、今度は森のなかを歩いた。川を跨《また》ぐように、高架歩道が設置されていた。運がよければ、この歩道から、川で水遊びするゾウの群れが観察できるという。

歩道の上には、長い、白いしべ（先端と基部は紅色）をたくさんつけた、派手な花がいっぱい落ちていた。サガリバナ（サガリバナ科）という樹の花だった。しべが長く突出するところは、フトモモ科に近いことを示している。沖縄の西表島にもこの花木があって、花は夜に咲き、つよい香りを出すという。夜飛性の蛾を呼ぶのだろうか。どんな蛾が寄ってくるのか、しらべてみたいものである。この花は一夜で落下してしまい、川に無数の花が浮かぶ、という話を聞いた。この花木は川のそばが好きらしい。

野象の森のなかは、何本も川が流れている。遊歩道は川にそってつづく。川岸の砂場は、日当たりもよく、さまざまな熱帯蝶の群れ—ミカドアゲハ、オナガタイマイ、ルリモンアゲハ、モンキアゲハ、ウスキシロチョウなどなど—が水を吸っていた。熱帯雨林の川原には、カザリシロチョウの仲間も、よく吸水に降りてくるという。

熱帯雨林で蝶の集まるところが二か所あることを知った。ひとつは、林冠部のお花畑であり、もうひとつは、森の下を流れる川の、日のよくあたる川原である。

今回のツアーのテーマは「雲南の花と蝶をたずねて」というものだった。私たち一行（家庭の主婦が多い）は、おもいおもいに、川原や草むらで蝶の写真を撮った。Sさんは、長い望遠レンズで蝶を撮っていた。帰国してから、そのプリントをしらべさせてもらった。思いのほか多種類の蝶が写っていて、驚いた。あれやこれや、熱帯蝶の図鑑類のページをめぐって、ようやく、それらの種類を確認することができた。

このとき観察した蝶のリストは別の機会に報告することにして、今回は、熱帯雨林の可憐な蝶・カザリシロチョウに焦点をしぼって、「なぞ」解きの物語をつくった。それを、これから披露したいと思う。熱帯蝶が数あるなかで、なぜ、カザリシロチョウなのか、その理由もこれから述べる。

カザリシロチョウとの出会い

「野象の森」への出発前のひととき、ホテルの前庭で、ブーゲンビリアの花にたわむれている一匹のシロチョウをみつけた。羽脈が黒く縁どられている。私たちは数日後、玉竜雪山《ユーロンシュエ》（雲南北西部）の山麓で、スジグロチョウをひとまわり大きくしたような蝶に出会っている。その蝶は、日本に帰ってからミヤマシロチョウとわかったのだが、西双版納のホテルの前庭でみたシロチョウも、最初はそれかと思った。しかし、捕まえてみると、羽の表側はスジグロチョウに似ていたが、裏側は、後羽の縁が赤く彩られていて、なんともかわいかった。すぐ、カザリシロチョウの仲間だとわかった。

私は、雲南に来る前、子供むけの図鑑『世界のチョウ』で、カザリシロチョウたちの姿を、いやというほど眺めてきた。その図鑑には、水辺で吸水するカザリシロチョウの集団が描かれていた。どれもこれも、羽の裏側は、赤や黄や白や黒の、色とりどりの模様に描かれており、そのデザインが蝶ごとに異なっていて、いつまで見ていてもあきなかった。帰国してから、もう一度、熱帯の蝶類図鑑をしらべてみた。ホテルの前庭のシロチョウは、ベニモンシロチョウ *Delias hyparete* という種であることがわかった。

野象の森には一時間ほどでついた。森の入口前の広場は、いろいろな花木や草花が植えてあった。その花に、さまざまな蝶が舞っていた。そのなかに、後羽の裏側基部がまっ赤なカザリシロチョウがいた。ベニモンシロチョウとはちがった、華麗さがあった。これも、あとで *Delias pasithoe*《デリアス・パシトエ》という種であることがわかった。図鑑にはアカネシロチョウという和名がついていた。

ベニモンシロチョウもアカネシロチョウも、別の日に、西双版納の街の公園や植物園でもよくみかけた。西双版納では、ごくありふれた蝶らしい。

カザリシロチョウって、なにもの?

西双版納での出会いがきっかけとなって、あらためて、カザリシロチョウに興味が湧いてきた。手元にある蝶類図鑑から、カザリシロチョウの素性をしらべてみた。この蝶は日本には生息しない。熱帯雨林の蝶らしい。

ブーゲンビリアの花で吸蜜するベニモンシロチョウ　羽の裏側は、鮮やかな黄と赤で彩られている（雲南省・西双版納にて）。

だから、東南アジアの蝶の本か図鑑をしらべなければならない。

私の本棚には、さまざまな熱帯の蝶の本がある。原書では、『マレー半島の蝶』、『オーストラリア地域の蝶』、『インドの蝶』、『世界の蝶百科』など、原書の日本語版として『原色世界蝶類図鑑』がある。また最近は、日本人による図鑑も数多く出版されている。『ラオス蝶類図譜』、『ボルネオと東南アジアの蝶』などは標本写真がとてもきれいだ。圧巻は『アジア産蝶類生活史図鑑Ⅰ』『同Ⅱ』という豪華本で、重要な種について、分布図と生活史が詳しく記載され、卵、幼虫、蛹、成虫の精密な原色写真が載っている。この本の特徴は食餌《しょくじ》植物の詳しい解説で、私にとっては貴重な情報源となった。

前記の図鑑や解説書のなかには、そうとう高価なものもあるが、私は、なにをしらべる、という目的もなく、ただ、見るだけでも楽しそうなので、買い集めておいたものだ。それらの本が、今回、カザリシロチョウをしらべるにあたって、おおいに役に立った。

カザリシロチョウ類は、オーストラリアから東南アジアをへてインドまで、熱帯・亜熱帯に広く分布している蝶だった。そしてとくに、ニューギニア島で大発展していることがわかった。世界で一七

ミヤマシロチョウ　羽全体が白を基調として黒い脈が走るだけの、地味な蝶（雲南省・玉竜雪山山麓にて、写真撮影：秋山列子）。

〇種ほど知られているが、そのうち中国雲南では四、五種、マレー半島やボルネオ島では一〇種内外というのに、『オーストラリア地域の蝶』（ニューギニア島を含む）には一〇〇種以上のカザリシロチョウが記載されていた。

カザリシロチョウ類はシロチョウ科カザリシロチョウ属の仲間である。羽の表側は、白地に黒っぽい羽脈が走るだけの、地味な模様のものが多い。ベニモンシロチョウなどは、一見、ミヤマシロチョウにみえるが、じつは、カザリシロチョウ属（*Delias*《デリアス》）とミヤマシロチョウ属（*Aporia*《アポリア》）は近縁関係にあるという（青山潤三『中国のチョウ』）。ミヤマシロチョウもカザリシロチョウも、幼虫は、刺毛《しもう》が長く伸び（毛虫状）、くものす状の網を張って群生する、という点でも共通している。

しかし、ミヤマシロチョウ類は、羽全体が白を基調とし、黒い脈が走るだけという、スジグロチョウ的な容姿をしているのに、カザリシロチョウのほうは、羽の裏側が派手はでの色彩と模様で飾られている。そして、比較的ゆっくり飛翔する。これは、毒蝶であることを示している。

成虫は、よく晴れた日の午前中、熱帯雨林の林冠付近を飛ぶ、という。それは、幼虫の食餌植物がヤドリギ類で、そのヤドリギ類が、高木の梢あたりに着生する、半寄生性の植物だから、カザリシロチョウたちの生活の場所も、熱帯雨林の林冠部ということになるのだ。

カザリシロチョウのことをしらべていて、二つの疑問が気になりはじめていた。最初に頭にひっかかってきたのは、なぜ、羽の表側ではなく、裏側が派手はで模様なのか、という疑問である。これは、カザリシロチョウの生活場所が熱帯雨林の林冠部で、下から攻撃してくる天敵（野鳥）に備えての警戒色だ、と気づいて納得できた。

つぎに湧いてきた疑問は、カザリシロチョウは、なぜ、ニューギニア島で大発展しているのか、という疑問である。この答えは探すのに苦労した。そして、この「カザリシロチョウ物語」は、その「なぞ」解きに時間を費やすこととなる。

カザリシロチョウの来た道

カザリシロチョウはニューギニア島およびその周辺の島じまで大発展している。だから最初、カザリシロチョウの発祥の地（ふるさと）はニューギニアではないか、と思った。しかし、カザリシロチョウ属（*Delias*）はミヤマシロチョウ属（*Aporia*）と近い関係にある。つまり両者は、おなじ祖先から分かれた遠い親戚といえる。そのミヤマシロチョウ属のふるさとは中国西部と考えられるから、カザリシロチョウ属のふるさとをニューギニアとすれば、両属はつながってこない。

現在、カザリシロチョウ群は熱帯アジアから熱帯オセアニアに分布し、ミヤマシロチョウ群は中国西部の山岳地帯を拠点にして、ユーラシア大陸北部に広く分布している。その両群の分布地域の接点が、カザリシロチョウ群とミヤマシロチョウ群の、共通の「ふるさと」ではないか、と私は考えなおした。つまりそこは、中国の雲南あたり、ということになる。

私はすでに、ミヤマシロチョウやその親戚のエゾシロチョウが、中国西部の山岳地帯を出て、北方への長い旅のはてに、日本にやってきた話を書いた。そして今回、図らずもまた、カザリシロチョウが、雲南を出て、南方向に進み、インドシナ半島を南下・東進してニューギニアへいたる、長い旅の物語を考えている。この「カザリシロチョウ物語」は、「ミヤマシロチョウの長い旅」(西口『森と樹と蝶と』)の南方編、ということになる。こんな形で、ミヤマシロチョウとカザリシロチョウが結びついてくるなんて、まったく、想像もしていなかった。なにか、ふしぎな神の導きを感じる。

私は、カザリシロチョウの誕生と発展の経緯を、つぎのように推理してみた。

カザリシロチョウとミヤマシロチョウの共通の先祖は、「雲南の温帯域」で生まれ、そこから北上して山岳地帯に上り、寒冷・乾燥気候に適応し、メギ科やバラ科植物を食樹に選んで誕生したのがミヤマシロチョウ群(アポリア)であり、一方、雲南を南下して熱帯雨林に入り、高温多雨の気候に適応し、ヤドリギ科を食樹に選んで誕生したのがカザリシロチョウ群(デリアス)であると。

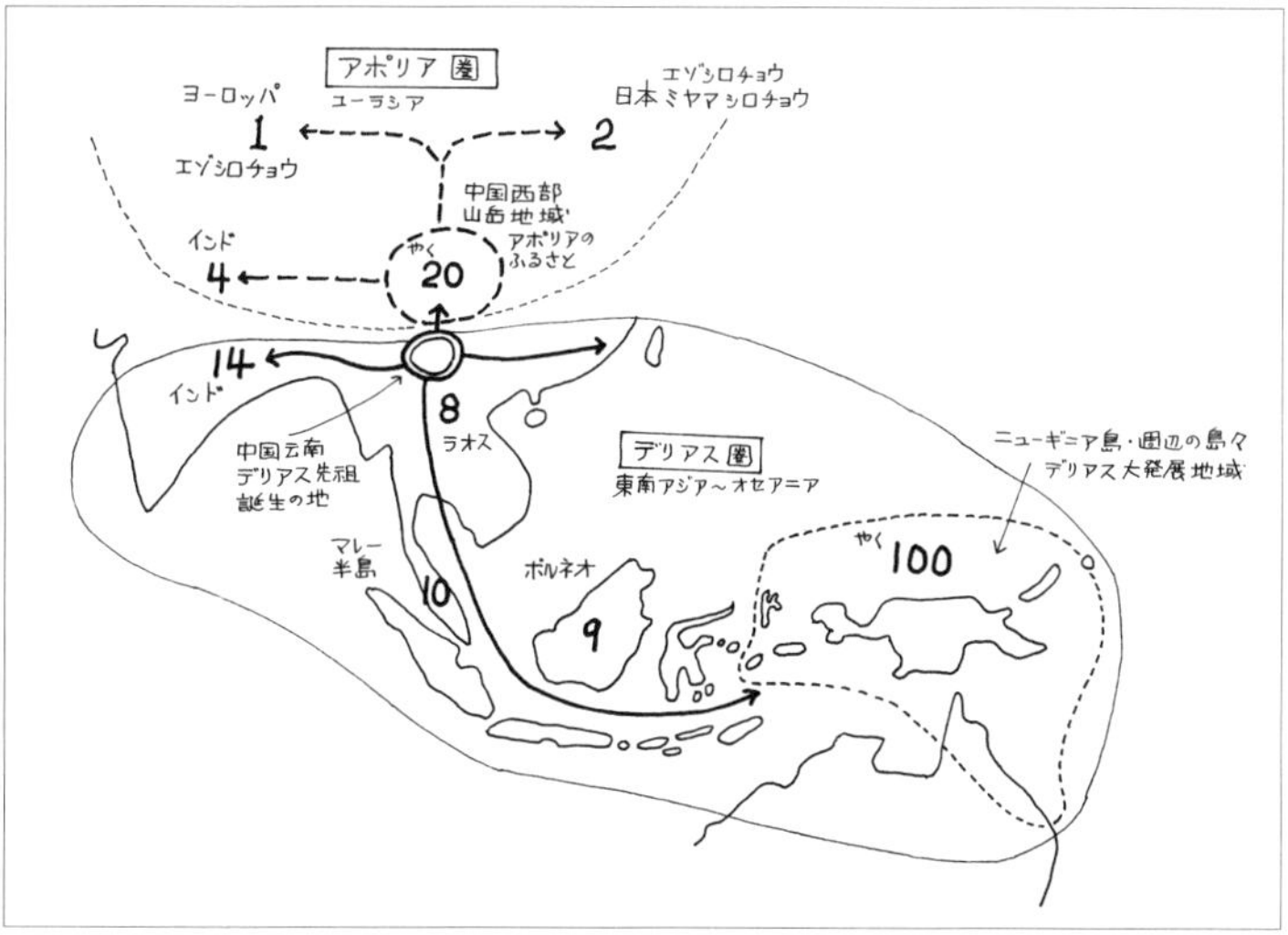

ミヤマシロチョウ属（アポリア）とカザリシロチョウ属（デリアス）の勢力分布（数字は種数）（西口原図）。

東南アジアの熱帯雨林に入ったカザリシロチョウは、その後、海上の島じまを赤道にそって東進し、ニューギニア島に到達して、その地域で大発展することになる。では、カザリシロチョウがニューギニア島周辺で大発展するにいたった理由はなんだろうか。私は、その理由として、つぎの三つの条件を考えてみた。

(1)　山岳環境の多様性

ニューギニア島は、東西に高い山脈が連らなっており、西部のジャヤ山（五〇三〇メートル）やマンダラ山（四七〇〇メートル）、東部のギルウェ山（四〇八九メートル）やビクトリア山（四〇七三メートル）を含め、海抜三〇〇〇メートルを超える高山が三〇〇以上もある。

カザリシロチョウ類の主たる生息地は、標高一〇〇〇～二〇〇〇メートルあたりの、山の谷間にある、といわれているが、なかには、海抜四〇〇〇メートル以上の高地でなければみられないような、本格的な高山蝶になってしまった種もたくさんいる。また、特定の山（たとえばアルファック山）にしか生息しない「特定山固有種」もいる。

ニューギニア島でカザリシロチョウが多種に分化した理由は、高い山やまが「孤立的・非連続的」に存在するからではないか、そして、それぞれの山に上ったカザリシロチョウたちは、隣の山の個体群から隔離され、交流がなくなり、それぞれが別種化していったのではないか。私は、このように推測している。

(2) 多島海

ニューギニア島のまわりには、西にはモルッカ諸島、東にはビスマーク諸島やソロモン諸島が存在する。そしてそれらの島じまにも、固有のカザリシロチョウが生息している。高い山やまに隔離された場合とおなじように、これらの島じまのカザリシロチョウも、島ごとに隔離され、それぞれが独自の種に発展していったにちがいない。

隔離作用がつよく働いた原因は、孤立する島や孤立する高山という、地形的な要因のほかに、カザリシロチョウ自身が毒蝶であるがゆえに、つよい飛翔力（移動性）をもたないことも大きく関与している、と思う。

(3)　食餌植物・ヤドリギの多様性

ニューギニア島およびその周辺の島じまの環境が、いくら多様的・隔離的といっても、それだけで、カザリシロチョウ属が一〇〇種以上にまで多種化したとは考えにくい。東南アジアの熱帯地域にも、たくさんの島があるし、孤立的な高山も少なくない。にもかかわらず、その地域でのカザリシロチョウの分化度は一〇種ていどにすぎない。

それにくらべると、ニューギニア島およびその周辺でのカザリシロチョウの分化・多種化は、異常である。ほかになにか、その地域に特別な原因があるのではないか。あでもない、こうでもない。いろいろ考えていて、ようやくたどりついた結論は、つぎのような推測である。

すなわち、ニューギニア島およびその周辺では、カザリシロチョウの食餌植物・ヤドリギ科が「多属化、多種化」しているのではないか、という推測である。

ニューギニア島は、中生代から新生代古第三紀初期のころまでは、ゴンドワナ大陸の一部だった。その大陸は、のち分裂して、オーストラリア、ニューギニア、ニュージーランド、南極大陸、などに分かれて現在にいたっている。

それらの島じままでは、現在でも、ナンヨウスギ科やマキ科などの、中生代に栄えた針葉樹が数多く残っているし、また、東南アジアにはみられない変わった広葉樹—たとえばユーカリなど—も存在する。ユーカリは、オーストラリアで大発展している樹群だが、ニューギニア島にも数種ていど存在するらしい。

ヤドリギ科は、系統的にはブナ科・モクレン科・クスノキ科に近い。系統発生的には、かなり古い植物

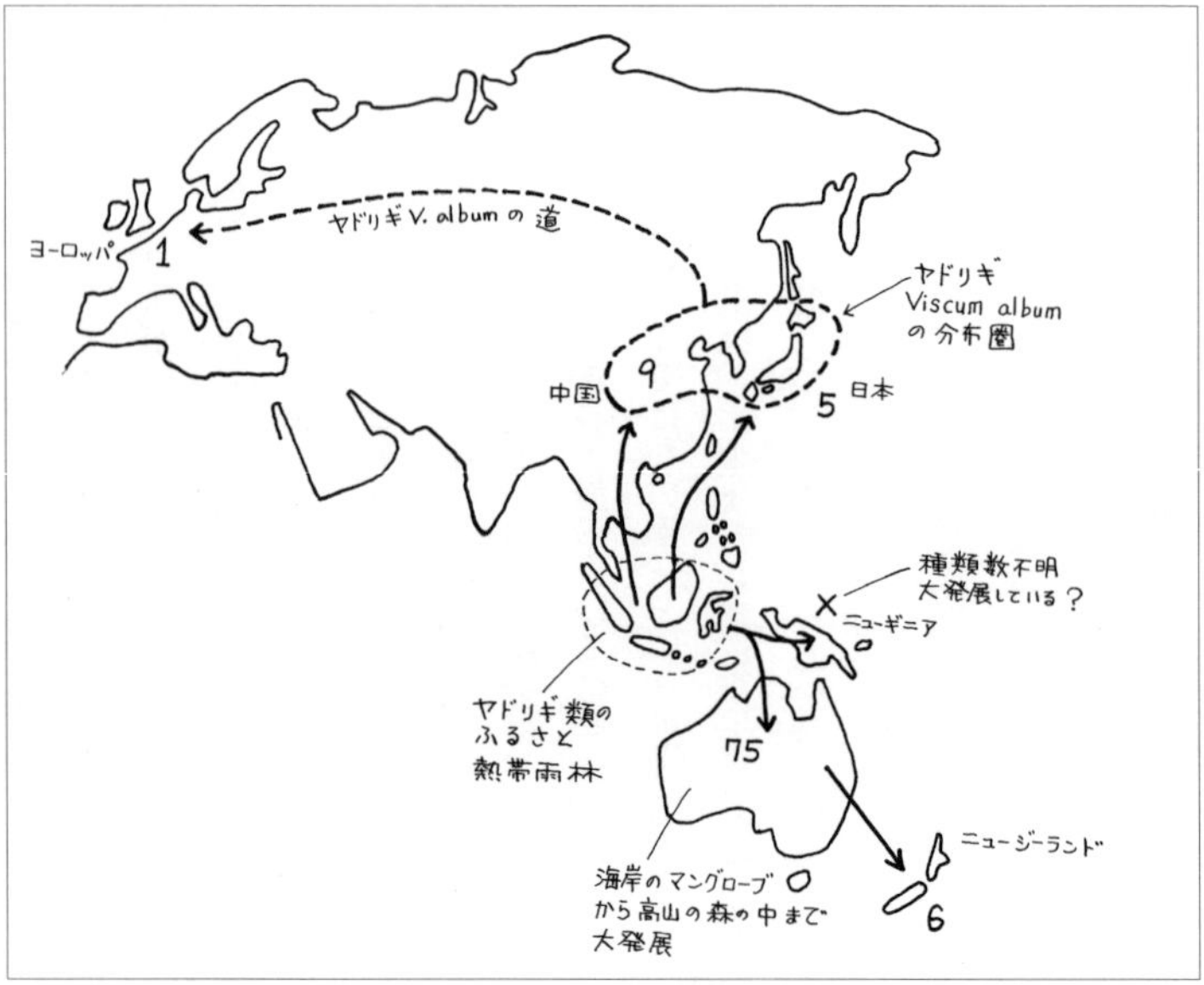

ヤドリギの通った道（数字は種数）（西口原図）　ヤドリギ類は、ふるさと熱帯雨林から東西方向に、さらに北の方向へ分布を広げていった。

群である。その生息の中心は熱帯雨林にあり、とくに熱帯オセアニアで大発展している。

　アッテンボロー『植物の私生活』には、「ヤドリギ類の仲間がとりわけ多いのはオーストラリアで、約七五種が分布しており、海岸のマングローブ林から高い山の森のなかまで、さまざまな環境に生育している」、とある。この状況は、ニューギニア島でもおなじ、とみてよいだろう。

　私は、オーストラリアやニューギニアにおけるヤドリギ類の大発展を、つぎのように推理してみた。

　ヤドリギ類は、東南アジアの熱帯雨林で誕生する。そしてのち、東西方向へ分布を広げていく。東進してニューギニア・オーストラリアに到達したヤドリギは、ゴンドワナ大陸時代の古い針葉樹の数かずに遭遇し、それらに寄生するようになる。そして、長い年代をかけてそれらの宿主《やどぬし》樹木に適応していくうちに、ヤドリギ自体も、新しい属や種に分化していく。また、ヤドリギに乗ってやってきたカザリシロチョウたちも、ヤドリギの多属化・多種化に対応する形で、多種化していった。私はいま、このような考えに到達した（前ページの図参照）。

（2）ヤドリギ物語

日本と中国のヤドリギ

カザリシロチョウの食餌となっているヤドリギとは、いったい、どんな植物なのだろうか。ここで、ちょっと視点をかえて、ヤドリギのことを考えてみよう。

日本の樹木図鑑と中国高等植物図鑑をしらべてみると、日本には五種、中国には九種が記載されている。

（この節は、資料編だから、お急ぎの読者はとばしてください。）

A　日本

① ヤドリギ *Viscum album*：常緑小低木。枝は緑色、葉は全縁・細いへら形で、枝先に二枚対生する。実は球形・黄熟。エノキ・ハルニレ・クリ・ブナ・サクラ・ハンノキなど高木性落葉樹に寄生。北海道〜九州、朝鮮半島、中国。温帯系ヤドリギ。

② ヒノキバヤドリギ *Korthalsella japonica*：常緑小低木。若枝は、緑色・偏平・翼状・多節で、一見、ヒノキの枝葉にみえる。葉は小さな突起状で、節に対生。葉に二形あり。図鑑類をみると、突起葉とは別に、比較的大きな広葉が描かれている。実は球形・橙黄に熟す。ツバキ・サカキ・モチノキなど常緑広葉樹に寄生。本州（関東以南）〜沖縄、中国、インド、熱帯東南アジア、太平洋諸島、オーストラリア。南方系ヤドリギ。

③ マツグミ *Taxillus*（*Loranthus*）*kaempferi*：常緑小低木。若枝は褐色、葉は革質・全縁・広披針形。実は楕円球形・赤熟。マツ・モミなど針葉樹に寄生。本州関東以西・四国・九州。日本特産。

④ オオバヤドリギ *Taxillus*（*Loranthus*）*yadoriki*：常緑小低木。若枝は赤褐色、葉は革質・広楕円・全縁・大葉。実は楕円球形・赤熟。カシ・シイ・タブなど高木性常緑広葉樹に寄生。本州（関東南部以西）〜沖縄、中国。暖地系ヤドリギ。

⑤ ホザキヤドリギ *Hyphear*（*Loranthus*）*tanakae*：落葉小低木。葉は細楕円形、実は楕円球形、

黄熟。ミズナラ・クリ・ハンノキ・サクラなど落葉広葉樹に寄生。本州（中部以北）、朝鮮半島、中国。北方系ヤドリギ。

（注）日本の樹木図鑑では、*Loranthus*属という属名は使われておらず、細かく別属に細分割されているが、中国の植物図鑑には、*Loranthus*という属名で、広くまとめられている。

B　中国

①　*Viscum coloratum* 学名は異なるが、日本のヤドリギと同種か?：東北・華北・四川ほか、朝鮮、日本にあり、とある。ニレ・カンバ・ナラ・ヤマナラシに寄生。

②　*Viscum articulatum*：台湾・福建・広東・四川・雲南、東南熱帯アジア、オーストラリア北部。葉は退化して鱗片状突起に。仮名をウロコバヤドリギとしておく。

③　*Korthalsella japonica* ヒノキバヤドリギ：台湾・福建・広東・四川・雲南、日本。

④　*Loranthus europaeus* ホザキヤドリギに近縁か同種か?：河北・山西・陝西・甘粛・ほか。葉は細楕円形。

⑤　*Loranthus parasiticus*：台湾・福建・広東・広西・雲南、ベトナム。宿主樹種はツバキ科、ブナ科（カシ・シイ・マテバシイ）。葉は卵形で大形（三〜八センチ）。

⑥　*Loranthus yadoriki* オオバヤドリギ：福建・浙江・湖北・四川、日本。

⑦　*Loranthus macclurei*：福建・広東・広西・貴州。

⑧ *Elytranthe fordii*：広東・広西・四川・雲南。
⑨ *Elytranthe tricolor*：広東、ベトナム。

ヤドリギの生活

(1) 吸水作戦

ここで、ヤドリギという植物が、どんな生活をしているのか、のぞいてみよう。

子供むけの科学図鑑『植物の生態図鑑』をみていたら、ヤドリギ（*Viscum album*）の寄生状況が図示してあった。ヤドリギ類は高木の枝に根を張る。根を幹材部に貫入させ、宿主の木から水分とミネラルを得ている。ヤドリギは、緑葉をもっていて光合成（ブドウ糖生産）をしているから、「半寄生植物」ということになる。

ところでヤドリギは、なぜ、高木の梢に登ったのだろうか。

熱帯雨林は高木が密生していて、林内には十分な光が存在しない。林床《りんしょう》に生きる草本や灌木たちは、光を獲得するために、高木に登らざるをえなかったのだろう。その場合、一般的には、蔓という形態をとることになるが（実際、熱帯雨林には蔓植物が多い）、蔓という形態では、地中から梢まで、水を吸い上げるという、たいへんな苦労を抱えることになる。ヤドリギは、その苦労を嫌って、宿主樹木から水を横取りする作戦を立てたのではないか。私は、このように推測している。

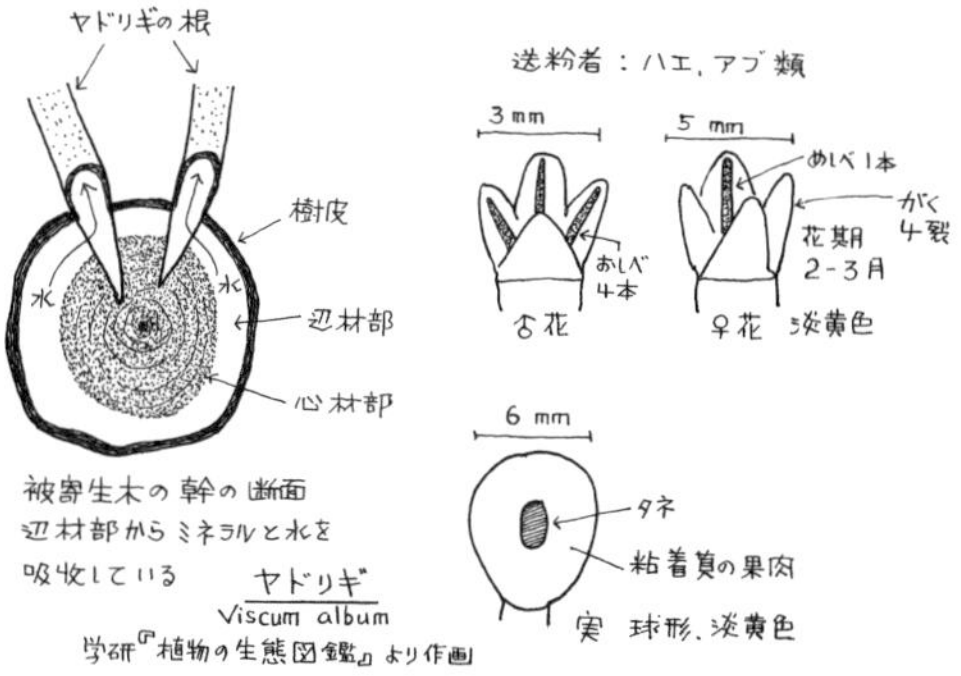

ヤドリギに寄生された木の幹の断面（左）とヤドリギの花の形（右上）、果実（右下）

(2) ヤドリギの花と送粉者

前述の『植物の生態図鑑』には、ヤドリギ（*V. album*）の花の構造が図示してあった。それによると、花は小さく（三〜五ミリ）、色も地味な淡黄色である。*Viscum*《ヴィスクム》属のヤドリギは、原始的なヤドリギではないか、と思う。花は冬（二〜三月）に咲き、ハエやアブが花蜜を吸いにやってくる、とある。花粉媒介者はハエとアブらしい。それにしても、なぜ冬に花を咲かせるのか、理解に苦しむ。ふるさとの熱帯雨林（冬がない）で獲得した習性を、温帯の日本にやってきても、まだもちつづけているのだろうか。

一方、北隆館『原色樹木大図鑑』によると、マツグミ（*Taxillus kaempferi*）やオオバヤドリギ（*T. yadoriki*）の花は、筒状に伸び（長さ一・五〜三・〇センチ）、濃い紅色をしている。よく目立つ花である。こちらは、進化したヤドリギと考えられる。これらの花には、どんな昆虫が蜜を吸いにやってくるのだろうか。日本の本をいろいろしらべてみたが、明快に書いてある本はみあたらなかった。

東南アジアの熱帯雨林では、ヤドリギの花にサンバード（sunbird）という、かわいい小鳥（体長約一〇センチ）が来るらしい。『バリ島の鳥』という本には、サンバードがホバリング（定位置飛行）しながら、ヤドリギらしき、筒の長い、赤い花から蜜を吸っている様子が描かれている。その本には、つぎのようなことが書いてある。

「バリ島を訪問する人は、だれでも、花から花へ飛びまわる、金属光沢の、空飛ぶ魔術師（サンバード）に気づくだろう。この鳥は、アメリカ大陸のハチドリのように、花の前でホバリングしながら、先の尖った長いくちばしと、長く筒状に伸びる舌を使って、花の蜜を吸いとる。」

ヤドリギは毒樹

オーストラリアの『熱帯雨林の絵日記』（Visions of a rainforest）という本には、日本のオオバヤドリギそっくりのヤドリギが描かれている。また、別のページには、カザリシロチョウの一種ユニオンジャック・バタフライ（Union Jack Butterfly イギリス連邦旗の模様をもつ蝶）も描かれている。オオバヤドリギの仲間とカザリシロチョウの仲間が、オーストラリア北部の熱帯雨林のなかに、ごくふつうに存在していて、それが、熱帯雨林を魅力的なものにしている、ひとつの要因になっていることがわかる。

ところで、カザリシロチョウの仲間はみんな、ヤドリギ類を食餌にしているが、カザリシロチョウはどうして、食餌にヤドリギを選らんだのだろうか。理由はただひとつ、毒が欲しかったからである。ヤドリギは毒樹なのである。

ヤドリギの送粉者サンバードの1種
ネクタリニア・ジュグラリス　花の
まわりでホバリングしながら花の蜜
を吸いとる。

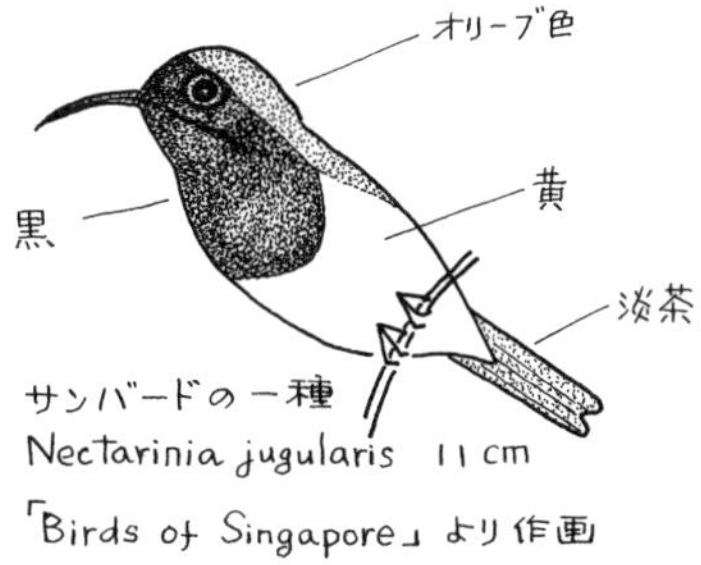

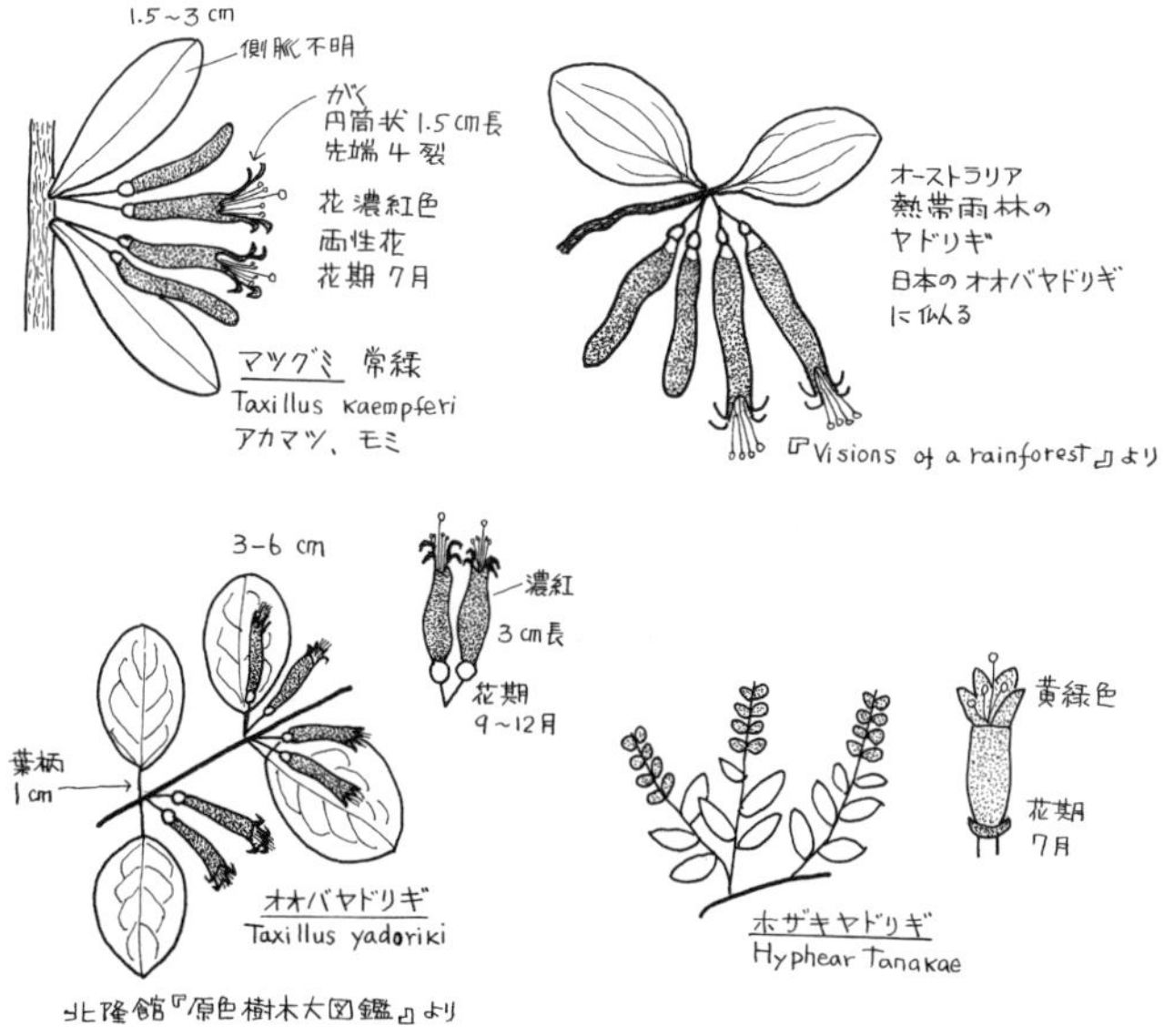

オオバヤドリギほか近縁種の花　単純で地味なヤド
リギの花と異なり、より進化した形になっている。

『マレー半島の蝶』には、つぎのような解説がある。

「ヤドリギは、動物に対する強い麻酔毒をもっている。葉から抽出された粉は、ストリキニーネ（麻酔薬）の代用に使用されている。カザリシロチョウの幼虫は、ヤドリギの葉を食べることによって、毒を体内に取りいれ、成虫も毒蝶となって、野鳥からの攻撃を防衛している。羽の裏側が派手な色彩になっているのは、この蝶が林冠を飛ぶからで、森のなかから攻撃してくる野鳥を警戒させるには、羽の裏側の模様が有効なのである。」

カザリシロチョウの派手はで模様が、羽の表側ではなく裏側にあるのは、なぜか。この疑問にたいする答えが、この本にすでに書いてあった。

カザリシロチョウ対サツマニシキ

『マレー半島の蝶』にはまた、マダラガの一種*Cyclosia pieridoides*《シクロシア・ピエリドイデス》がアカネシロチョウに擬態《ぎたい》している、とも書いてあった。マダラガ科の蛾がカザリシロチョウの真似をしている、というのだ。

私は、東南アジアの蛾の本をもっていない（出版されていない）ので、とりあえず日本の蛾類図鑑をしらべてみた。該当する属*Cyclosia*《シクロシア》は、日本には存在しなかった。種名の*pieridoides*《ピエリドイデス》は「シロチョウに似た」という意味である。そこでマダラガ科のなかで、羽の紋様がシロチョウに似ているものを探してみた。

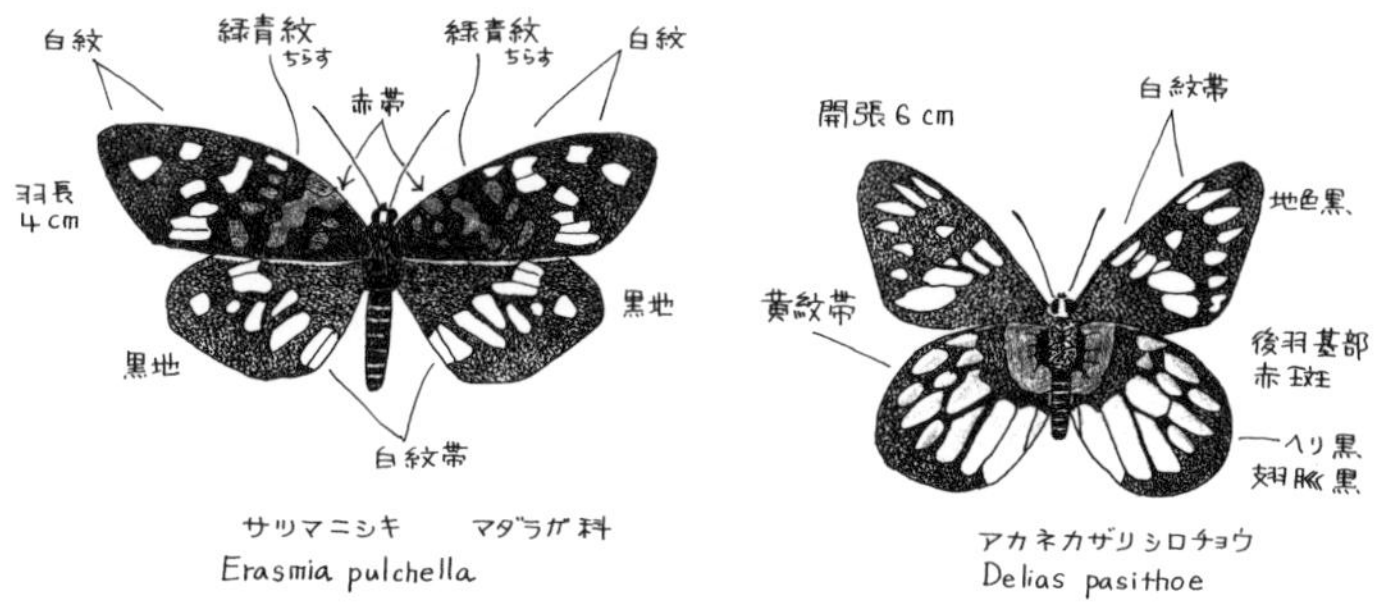

アカネシロチョウ（右）とサツマニシキ（左）　サツマニシキの羽の表側の模様がアカネシロチョウの羽の裏側の模様とよく似ている。

オキナワルリチラシがシロチョウに似ていた。しかし、オキナワルリチラシの羽には、アカネシロチョウ（アカネカザリシロチョウ）のような顕著な紅斑がない。そこで、オキナワルリチラシに似て、羽に紅斑模様のあるものを探してみた。

あった！　サツマニシキという種類である。サツマニシキの羽の「表側」の模様はアカネシロチョウの羽の「裏側」の模様とよく似ていた。前述のシロチョウに似たマダラガとは、サツマニシキのような、派手はでの羽をもった蛾ではないのか。私には、そう思えてきた。

サツマニシキ（*Erasmia pulchella* マダラガ科）は、蛾の仲間としては、すごく派手はで模様の羽をもっている。羽の大きさはアカネシロチョウとほぼおなじぐらいである。サツマニシキは、日本の本州南部・四国・九州から沖縄にかけて生息し、さらに台湾、中国からインドまで、東南アジアの亜熱帯、熱帯に広く分布している。サツマニシキの分布は、アカネシロチョウの分布とよく一致する。サツマニシキはアカネシロチョウを擬態（真似）しているのだろうか。

しかし、サツマニシキは、カザリシロチョウを真似するまでもなく、サツマニシキ自体が毒をもった蛾なのである。つかまえると、胸部から悪臭のある液体を出すという。だから、サツマニシキがアカネシロチョウに擬態した、と単純には考えにくい。

サツマニシキの餌植物はヤマモガシ（ヤマモガシ科）である。ヤマモガシは、樹高一〇メートル内外の亜高木で、葉はクスノキに似た照葉樹である。系統的にはヤドリギ科にごく近い。日本では、本州の東海地方以南に分布し、国外では台湾・中国南部・インドなど、熱帯アジアに広く分布するという。

アカネシロチョウがヤドリギに寄生して繁栄を開始したのとおなじころ、サツマニシキはヤマモガシを食餌にして繁栄しはじめたのではないか。そして、両種とも毒蝶・毒蛾であることから、互いに相手の羽の模様を意識しながら、羽の模様をより美しく、より華やかに進化させていったのではないだろうか。

サツマニシキの生息地・鹿児島で、私は少年時代を過ごした。私にとっては第二のふるさとである。その地名を冠したサツマニシキが、華麗な色彩の羽をもつ蛾として、前まえから、なんとなく興味を感じていたのだが、今回、カザリシロチョウのことをしらべていて、なんと、サツマニシキに到達してしまった。

俄然、サツマニシキという蛾に興味が湧いてきた。「カザリシロチョウ物語」が終わったら、こんどは「サツマニシキ物語」だ。サツマニシキは毒蛾なのだが、その食餌となっているヤマモガシも、毒樹なのだろうか。これは、どんな樹なのだろうか。興味と疑問がどんどんと湧いてくる。いつか、サツマニシキを口実にして、鹿児島へのセンチメンタル・ジャーニーを計画してみよう。

(3) レンジャク(連雀)物語

タネは小鳥に乗って

秋になると、液果がさまざまに色づいてくる。ムラサキシキブは紫に、ルリミノウシコロシは青藍色に、ニシキギは橙赤色に、ツルウメモドキは橙黄色に、そしてガマズミは濃赤色に、という具合である。いずれも、美しい色あいで、人の目を楽しませてくれる。

しかし本当は、液果の色づきは、実が熟して甘くなりましたよ、という、樹木から野鳥たちへのメッセージなのである。大きさが、五ミリから九ミリぐらいにそろっているのも、小鳥たちが実をついばみやすいように、という樹木の配慮からだろう。

では、なぜ、液果は鳥に食べてもらいたいのだろうか。それは、タネを遠くへ運んでもらいたいからである。樹木は根があって動けない。だから、樹木たちも、本心は、動きたいのではないか、と思う。そこで母木は、せめてわが子(タネ)には、遠くへ旅をさせてやりたい、と考えた。私は、こう解釈したい。

鳥についばまれた液果は、果肉は鳥に消化吸収され、タネは糞とともに排泄される。タネの外皮は、鳥の消化酵素には分解されない構造になっている。タネが糞とともに排泄されるころには、鳥はかなり遠くへ移動しているだろう。

糞とともに地上に落下したタネは、よく発芽する。ところが、鳥に食べられないで、母木の下に落下したタネ（果肉に包まれている）は、うまく発芽してこない。果肉のなかに、発芽を抑える成分が含まれているからである。母木は、子供が自分の傘の下で生きることを喜ばない、と解釈せざるをえない。

では、樹木たちはどこへ行きたいのだろうか。秋になると、ツグミ、ジョウビタキ、カシラダカ、レンジャク類などの渡り鳥が、北国から渡ってくる。途中、いろいろな木の実を食べながら、暖かい地方へ移動していく。樹木のタネも、鳥に乗って、暖かい南のほうへ移動していく。

トリハマズ

しかし、樹木のなかには、変わりものもいる。たとえばカンボクである。東北では、ブナの森の湿地によく出現する。この木も、秋になると、みずみずしい赤色の液果をつける。だが、小鳥たちはみむきもしない。だから、「トリハマズ」という方言もある。試みに一粒食べてみた。渋苦くて、舌がしびれて、思わず吐き出してしまった。

冬になると、東北のブナの森は、木々が葉を落として、白銀の世界となる。そんななかで、カンボクの

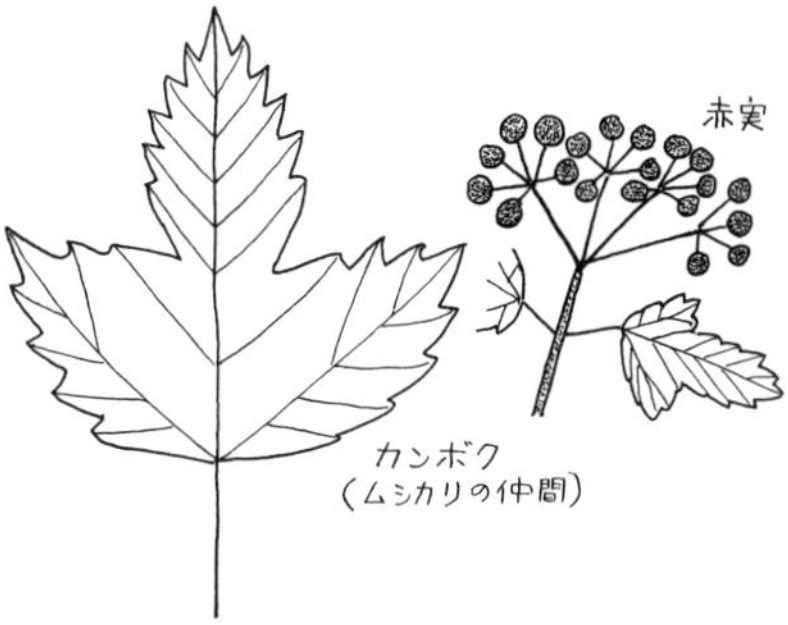

カンボクの葉と実　「トリハマズ」という方言の由来にもなっている液果も、一冬越して翌春になると、小鳥たちが食べられるようになるらしい。これは、カンボクの作戦？

実だけが、赤く輝いている。その光景は、美しいが、異様でもある。

三、四月になると、暖地で越冬した冬鳥たちは北へ帰る準備をはじめる。そのころ、ブナの森では、液果といえばカンボクしか残っていない。そして、小鳥たちは、その実をさかんについばんでいる。そうだったのか！　これがカンボクのねらいだったのか。ほかの、多くの樹種が、南へ行きたがっているのに、カンボクの気持ちは北へむいているのではないのか。私は、そう思った。

あとでわかったことだが、ナナカマドも、このタイプの実をつける。ナナカマドは、果肉のなかにアミグダリンという青酸配糖体をもっている。この苦味質は、冬の低温にさらされると分解するという。冬を越したナナカマドの実は、苦味が消え、甘味が増して、野鳥も食べるようになるのだ。その作戦は成功したようである。現在、ナナカマドの仲間は、高山帯や北方域で大発展している。

このカンボクの話は、いまから二〇年ほど前、森林文化協会から出ている雑誌「グリーンパワー」（一九八二年一月号）に書いた。当時、私の原稿の校正を担当されていた方（若い女性）から、「先生、さえている！」とほめられた。今回、ヤドリギとレンジャクのことを書きながら、また、液果と小鳥の関係を考えてみた。

レンジャクの短時間消化　—食あたりしない作戦か—

東北のブナの森では、ブナの梢に寄生するヤドリギをよくみかける。花は、地味な淡い黄色で、冬咲くから、人に気づかれることはない。果実は、晩秋に黄色く熟す。この実は、キレンジャク、ヒレンジャクに好まれる。タネはべとべとした粘液質で包まれているから、鳥が排糞しても、タネは糸を引いて、鳥から離れない。だから、地上には落下せず、木の枝にひっかかってしまう。タネは、そこから発芽する。この様子は、テレビでも放映されたりするから、一般的にもよく知られている。

冬、日本へ渡ってくるレンジャクは二種類いる。キレンジャク（*Bombycilla garrulus*）とヒレンジャク（*B. japonica*）である。キレンジャクは尾羽の先端が黄色であるのに対して、ヒレンジャクは赤色である。

日本の野鳥図鑑をしらべてみると、キレンジャクは、ナナカマド、ズミ、ヤドリギ、カンボクなどの実を好んで食べる、とある。ヨーロッパの野鳥図鑑によると、ヨーロッパにもキレンジャク（日本とおなじ種）が生息している。食餌は、ナナカマド、ウラジロノキ、ノイバラの実、とある。キレンジャクは、バラ科樹木の実、とくにナナカマドの実を好んで食べているようである。

ナナカマドは、ほかの鳥が敬遠する毒実である。それを好んで食べる、というのは少々気になる。秋のうちから食べるのだろうか、それとも冬を越して苦みがなくなってから食べるのだろうか。その点はまだ確認できないのだが、その答えを示唆するような話を、ヨーロッパの野鳥図鑑『鳴鳥類』（K. Šťastný : Songbirds）という本のなかにみつけた。

「キレンジャクの消化はひじょうに迅速である。食べた実は、胃腸を短時間で通過し、半分は未消化のまま排泄される。だから、タネは消化作用によって痛められることが少ない。キレンジャクは、健全なタネをばらまくことで、樹木の分散に貢献している。」

そうか、そうだったのか。私は納得した。キレンジャクが食べた実の内容物を胃腸に長く留めておかないのは、果実の毒にあたらないための作戦だったのだ。だから、ナナカマドやカンボクなどの、毒っ気のある実でも、食べられるのだ。

鳥の仲間でも、食餌を木の実（液果）に依存している鳥と、そうでない鳥が存在する。大量実くい鳥は、どうしても、毒実を食べる率が高くなる。そこで大量実くい鳥は、実の毒を解毒する技術をもっている。ある英語の本を読んでいて、つぎのような記事をみつけた。

「液果は、熟しすぎるとエタノール（アルコール）を発生する。レンジャクは、ムクドリ（雑食性）やミドリヒワ（主食は穀類）にくらべると、エタノールをうまく分解する。」

つまり、レンジャクは、熟れすぎた実を食べても、悪酔いしない、というわけだ。レンジャクは、解毒能力も高いことがわかる。

ヤドリギツグミ

日本のレンジャク類は、ヤドリギの実を好んで食べている。しかし、ヨーロッパでは、キレンジャクがヤドリギの実を食べている、という話は聞かない。ヨーロッパのキレンジャクは、ナナカマドのほうに夢中になっているようだ。

ヤドリギ（Mistletoe《ミスルトゥ》）の実を好んで食べている鳥は、ヤドリギツグミ（Mistle Thrush《ミスルスラッシュ》）である。アッテンボロー『植物の私生活』には、つぎのようなことが書いてある。

「セイヨウヤドリギ（日本のヤドリギと同種）の実は、種子を包んだ果肉がねばねばしていて、ツグミなどがついばむと、くちばしにくっついてしまう。鳥はそれがいやで、木の枝にくちばしをこすりつけ、種子を落とそうとする。樹皮の割れ目などに種子が押し込まれると、そこから種子は根をのばす。」

ヤドリギツグミは、ヤドリギの実のねばねばした粘液に困惑した経験をもちながらも、また、ヤドリギの実をついばみたくなるらしい。中味は、けっこう、おいしいのではないか、と思う。私は、森林教室で受講生のみなさんに、ヤドリギの実を食べたことがあるか、たずねてみた。ひとり、手をあげた。子供のころ、食べた記憶がある、という。

「どんな味がした？」「べとべとしていたが、甘くておいしかった。」

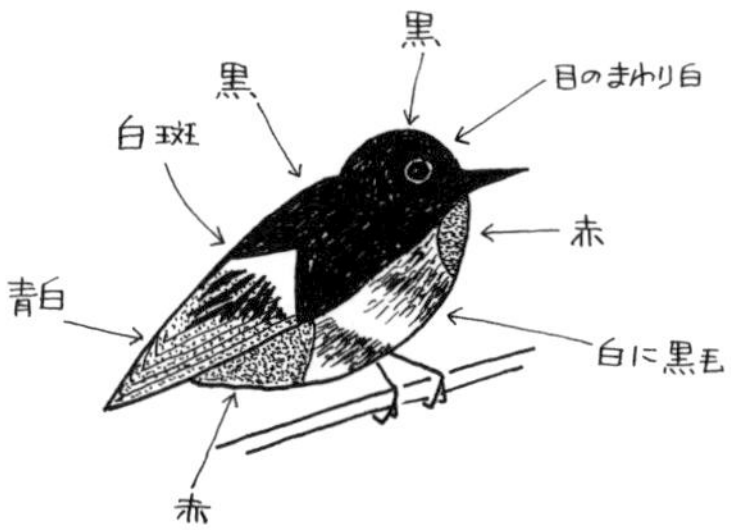

ヤドリギハナドリ（オーストラリア）
アッテンボロー『植物の私生活』より作画

ヤドリギハナドリ　熱帯雨林のなかで、ヤドリギのねばねばした実を好んで食べるという。ヤドリギの分布拡大作戦のよき協力者？

やっぱり、そうか。こんどヤドリギの実をみつけたら、私も味見してみよう。それからもう一度、小鳥の気持ちを考えてみよう。

ヤドリギハナドリ　―熱帯雨林でヤドリギと親密関係を結ぶ―

ヤドリギのふるさとは熱帯雨林である。ヤドリギの実のべとべと作戦は、遠いむかし、熱帯雨林のなかで考案されたのではないか、と思う。それには、ヤドリギの実を好んで食べる鳥の存在が関係している。それはヤドリギハナドリである。アッテンボローの本には、つぎのような記述があった。

「オーストラリアのヤドリギには、専門的な種子の運び屋がいる。ヤドリギハナドリという鳥である。この鳥はヤドリギの仲間の実しか食べない。オーストラリアにはヤドリギの種類が多く、しかも、それぞれ実のつく時期が異なる。ヤドリギハナドリは、ヤドリギの実を求めて、定期的に一定のルートを移動する。そうすることによって、一年中、ヤドリギの実を食べることができる。」

「ヤドリギハナドリは、ヤドリギの実をひじょうに短時間に消化する。入口から出口まで、三〇分もからない。種子が出てきたときは、まだ、ねばねばした果肉が残っている。ヤドリギハナドリは、お尻を枝にこすりつけて、タネを枝にくっつける。」

そのねばねばが嫌で、ヤドリギの実を食べる鳥は、熱帯雨林でも数が少ないのではないか、と思う。そんななかで、ヤドリギハナドリは、ヤドリギのねばねばした実をうまく処理することによって、ヤドリギの実を独占することができたのではないだろうか。逆に、ヤドリギハナドリのおかげで、ヤドリギは、タネを高木の枝にひっかけ、寄生する場所が確保できた。そして、熱帯雨林のなかで、高木寄生生活をつづけていくことができた。熱帯雨林におけるヤドリギ類の大発展をみると、ヤドリギの実のべとべと作戦は成功した、といえる。

レンジャクの迅速消化作戦

レンジャクは、北半球北部のタイガ（針広混交の森）の鳥である。そこには、もともとヤドリギは存在しない。ヤドリギのふるさとは熱帯雨林である。だから、レンジャクの迅速消化技術は、ヤドリギとは無関係に、独自の立場から開発されたものにちがいない。それは、「ナナカマドの実を食べる」ことを意図して開発された技術ではないか、と私は考えている。北国の森にはナナカマド類が多い。ナナカマドの実の

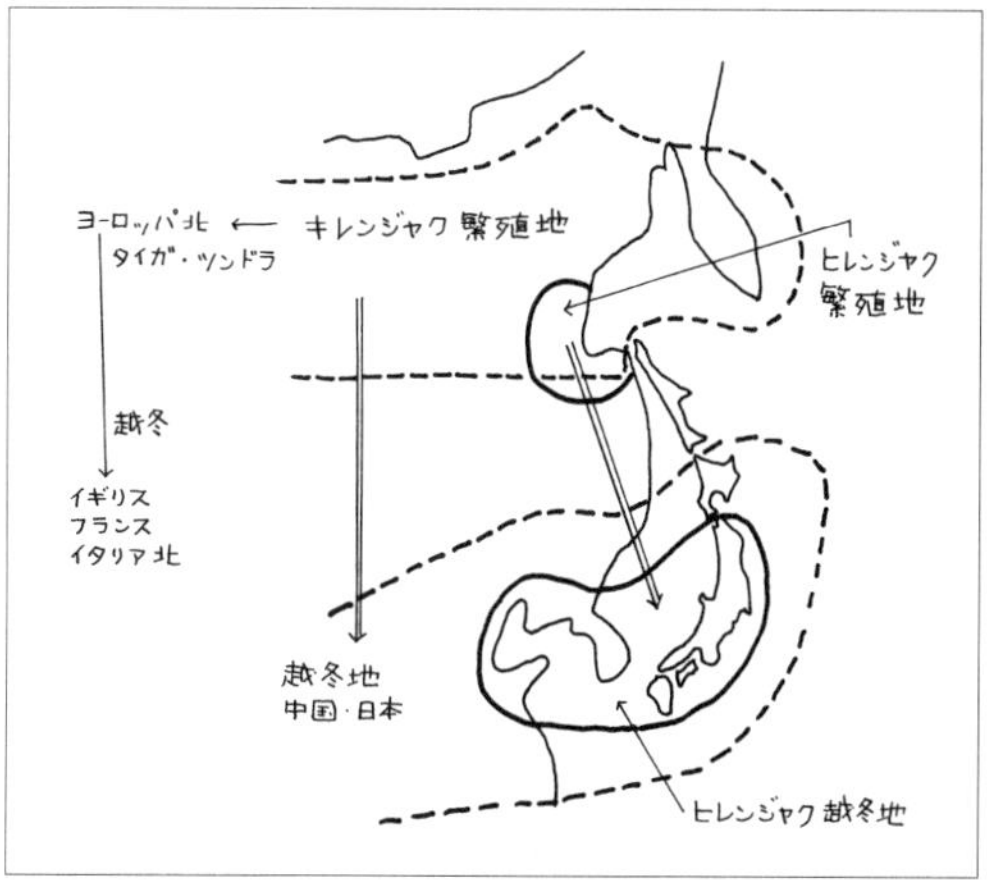

キレンジャクとヒレンジャクの繁殖地域と越冬地域　広域分布種のキレンジャクにたいして、ヒレンジャクは、繁殖地も越冬地域もせまく、かぎられている。

毒にうまく対処できれば、鳥たちの餌採り競争において、レンジャクは優位に立つことができる。

ヒレンジャク（ニホンレンジャク）

日本には冬、二種のレンジャクが渡ってくる。キレンジャクとヒレンジャクである。

キレンジャクは、高野伸二『フィールドガイド　日本の野鳥』によると、カムチャツカからシベリア中・南部一帯で繁殖し、冬は日本、朝鮮半島、中国に渡ってくる。また、ヨーロッパの鳥類図鑑によると、キレンジャクは、ユーラシア大陸北部の針葉樹林帯やツンドラ低木原野で繁殖しており、冬はイギリス・フランス・イタリア北部まで南下してくる、とある。つまり、キレンジャクは、ヨーロッパからアジア東部にかけての、ユーラシア大陸北部の、広い範囲にわたって生息している「広域分布種」なのである。

一方、ヒレンジャクは、夏は、ロシア・アムール川より北方の、オホーツク海に面したせまい地域でのみ繁殖しており、冬の越冬場所も、日本列島（本州・四国・九州）を中心にして、朝鮮半島と中国渤海《ポォーハイ》沿岸域の、せまい範囲にかぎられている。

ヒレンジャク（*B. japonica*）は、学名どおりに呼ぶと、ニホンレンジャクとなる。日本列島を中心に、その周辺地域でのみ生活している「狭域分布種」である。ニホンレンジャクの生息範囲を圧迫しているのは、キレンジャクではないか、と思う。ニホンレンジャクは、もしかしたら、滅びゆく生きもの、なのかもしれない。

ヒレンジャクは、日本では、三〜四月ごろ、太平洋側の各地に群れで出現し、イボタ・ヤツデ・キヅタ・ヤドリギなどの実を食べる、という。平成八年四月、仙台・八木山の、ある人家の庭にヒレンジャクの群れがやってきて、近所の評判になった。庭に設置した餌台の果実がお目あてだった。

こんな光景に接すると、ヒレンジャクは、平和に暮らしているようにみえるが、夏の繁殖期でも平和に生活しているのだろうか。ヒレンジャクの繁殖地域は、緯度でいえば樺太北部あたりの、大陸側のせまい地域にかぎられているが、そこは、どんな環境なのだろうか。ヒレンジャクの繁殖生活にとって、安全が確保されているのだろうか、気になる。

私は、この原稿を書くまで、ヒレンジャクは、どこか遠くの国からやってくる渡り鳥、というていどの認識しかなかった。いまになって、ようやく気づいた。ヒレンジャクは、日本人が助けてあげなければならない、貴重な鳥であることを。これからは「ニホンレンジャク」という名で呼びたい。そうすれば、こ

餌台にやってきたヒレンジャク　日本では3～4月ころ、太平洋側の各地に群れで出現する（仙台市・八木山にて、写真撮影：後藤圭子）。

の小さな、かわいい鳥が、われわれの仲間であることに、多くの日本人が気づいてくれるかもしれないから。

レンジャクとヤドリギの出会い

ヤドリギ類のふるさとは、東南アジアの熱帯雨林にある。一部のヤドリギは、ふるさと熱帯を出て北上し、中国・日本の温帯域にまで分布を広げている。現在、中国では九種、日本では五種の、ヤドリギの仲間が存在する。なかには、寒冷気候に適応して、温帯性のヤドリギに変身したものもいる。そのひとつがヤドリギ *Viscum album* である。*V. album* は、日本では北海道まで、中国では東北部まで北上している。北方気候によく適応していることがうかがえる。

レンジャクは北方系の鳥で、冬、日本・中国に渡ってくる。一方、ヤドリギは、熱帯雨林を出て北上し、中国・日本に入ってきた。そこで両者は出会う。ヤドリギは、熱帯雨林で開発した、ねばねばの

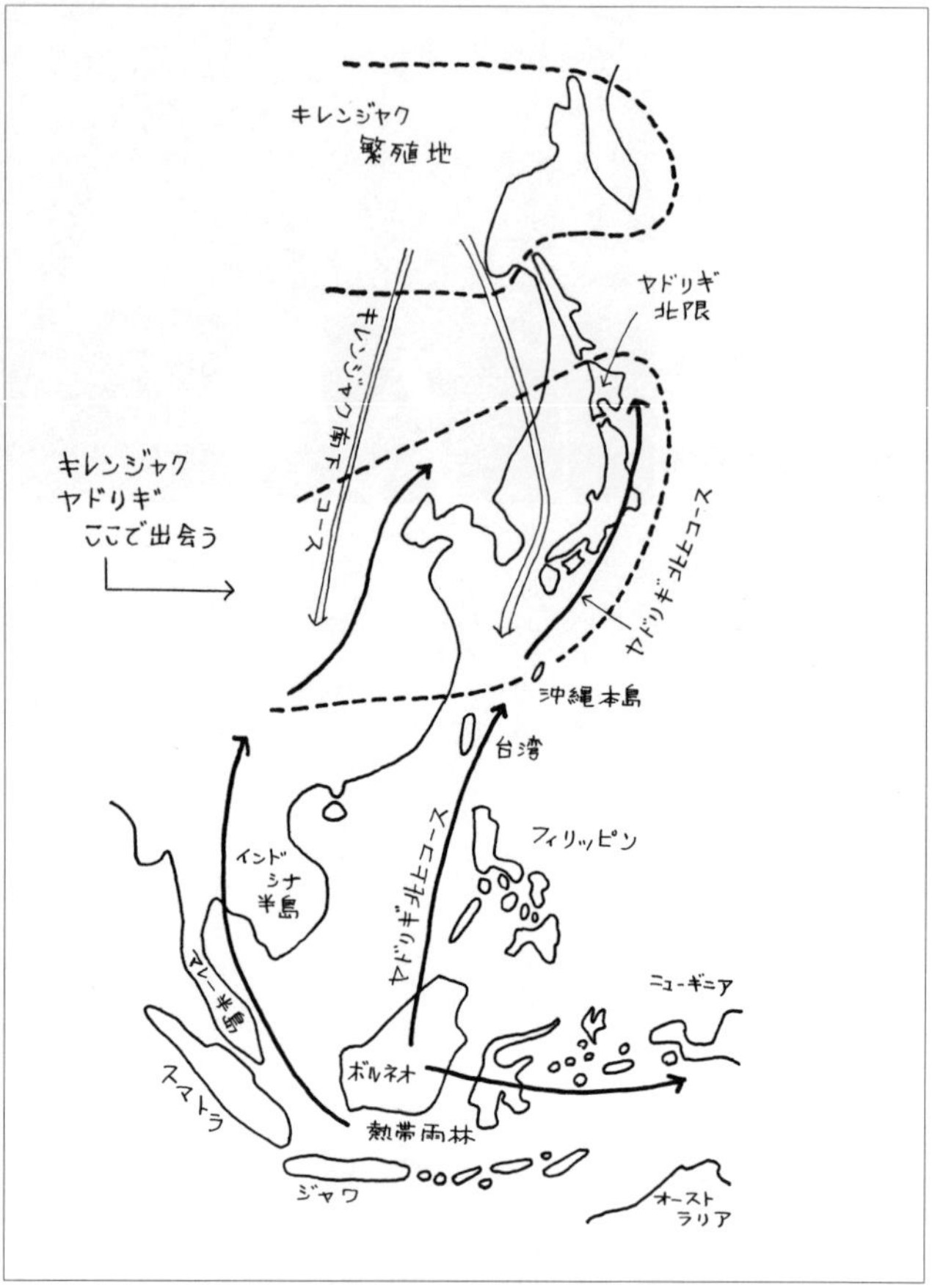

キレンジャクとヤドリギの出会った場所　レンジャクは北方系の鳥で、冬、日本・中国に渡ってくる。一方、ヤドリギは、熱帯雨林を出て北上し、中国・日本に入ってきた。

実をもっている。一方、レンジャクは、毒実を食べるやり方として、迅速消化の技術をもっている。その技術のおかげで、レンジャクは、ヤドリギのねばねばした実を、容易に受け入れることができた。

レンジャクとヤドリギは、熱帯雨林で構築された「ヤドリギ―ヤドリギハナドリの親密関係」とおなじような関係を、北半球の温帯域（中国・日本）で再構築することに成功したようだ。そして両者は、さらに分布圏を拡大していく。

ヨーロッパでは、ヤドリギは *V. album*《ヴィスクム・アルブム》の一種類のみ存在する。ヨーロッパのヤドリギは、おそらく、中国北部から、シベリア南部に広がるタイガを通って、ヨーロッパに進出したものだろう。それは、ひとえに、キレンジャクのタネ運搬力のおかげではないか、と私はみている。

ヤドリギは長寿の樹

ヤドリギはヨーロッパに入って、多産を願う樹の神となった。冬、宿主の樹木がみんな落葉してしまうなかにあって、ヤドリギは緑の葉を繁らせている。それが、生気にあふれているように感じさせるのである。いまでも、クリスマスの日にはヤドリギを飾る。そして、その下ではじめて出会った男女はキスしてもよい、という風習が残っている。では、むかしの日本人はヤドリギをどのようにみていたのだろうか。万葉集をひもといてみると、つぎのような歌があった。

「あしひきの　山の木末《こぬれ》の　ほよ取りて　かざしつらくは　千年寿《ちとせほ》くとぞ」

「ほよ」とはヤドリギのこと。山の木の梢に繁るヤドリギを採って髪に飾るのは、千年の長寿を祈ってのこと、という意味である。

ヤドリギは、日本に来て、長寿を祝う樹となった。それはまさに、世界一の長寿国・日本にふさわしい樹といえる。

あとがき　―自著を語る―

(1)　森のシナリオ

昭和五十二年、東北大学農学部附属演習林（宮城県鳴子町）に勤務するようになって、一般社会人にたいする森林教育も、私の仕事の一部になった。教育学部の開放講座にも参加した。宮城県を中心に、東北六県の各地からの要請を受けて、「森の話」をするようになった。主催者側の要求するテーマは、「環境問題としての森の重要性」なのだが、それをまともに受けて、まじめに地球温暖化や酸性雨の話をすると、失敗してしまう。森は多彩な存在だから、受講者の顔をみて、話題を変える。

田舎の公民館であれば、山菜やキノコの話からはじめると、反応が返ってくる。受講者の目が輝いてくると、土や水の問題に入り、森林の重要性に触れていく。

子供や中・高校生、そして一般の大学生が対象であれば、植物の話はダメで、虫や動物の話がよい。それも、食物連鎖や天敵の話をすると、反応がある。最終的には、生態系の微妙なバランスに気づかせることができれば、話は成功である。大学生は、原理原則に興味を示す。

大都市の社会人や家庭の主婦であれば、山菜やキノコの話をしても、採集経験がないから反応がない。

原理原則も疲れる。そんな時は、日本各地の森への旅の話がよい。一般の人びとは、日本の森林は滅びかかっている、と信じこんでいるが、実際は、日本は世界に冠たる森林国であることを理解させる。自国への誇りと未来への夢をもたせる話が必要である。

講話は、カラースライドを使用して、自分自身でつくった「森の物語」を話す。私は、四、五編の物語をもっている。それを一冊の本にまとめたのが、『森のシナリオ』という、写真物語の本である。

(2) 森と樹と蝶と

大学を定年でやめてからは、森にたいする私の視点は、少し変化してきた。森にすむ小さな生きもの―虫や鳥―の「存在意味」を考えるようになった。そして、ものいわぬかれら（かの女ら）に代わって、その存在意味を主張したくなってきた。

しらべてみると、小さな虫けらにも、おもしろい歴史がある。日本列島には、おもしろい歴史を背負った、小さな生きものが数多く生息していることを知った。その考察の過程を、物語風に記録したのが『森と樹と蝶と―日本特産種物語』という本である。この本は、雑誌「私たちの自然」（鳥類保護連盟）の書評でもとりあげられた。

「対象物に近く寄りすぎると、詳細が見えてくる代わりにまわりとの関係性が見えにくくなる。写真でいえばマクロレンズで切り取った世界みたいだ。が、日本の特産種を、世界の分布や伝播、他の生物種との関係や植生までを視野に入れながら眺めてみると、ほほう、また別な風景が見えてくる。これは広角レンズの効果に似ているかも。フットワーク軽く、自在にズームレンズを操る著者の『目の付けどころ』がとても魅力的だ。」

とおりいっぺんの書評が多いなかで、この書評は私の心をゆさぶった。この書評子は、私の気持ちをよく理解しており、私の意図するものを、みごとな表現で示している。今回の本もまた、前著とおなじようなことを目論《もくろ》んでいる。だから、どうしても、この書評を入れておきたかったのである。

(3) 森のなんでも研究

私の森にたいする姿勢は、森をトータルに把握することにある。その理由は『アマチュア森林学のすすめ』という本の「あとがき」で書いたとおりである。私は、もともと森林昆虫学を専攻していたから、森の消費者の話はできるが、分解者の話は苦手であった。しかし、落葉・枯れ木分解は、森の生態系の最後のしめくくりとなる重要な現象である。森をトータルに理解しよう、とする者にとって、微生物やキノコのことは知らない、ではすまされない。そこで勉強した。『森のなんでも研究』は、分解現象の理屈を、自分自身に納得させるために書いたもの、ともいえる。

この本では、「NZ森林紀行」も書いている。そのなかで、ミナミブナの話が出てくる。私がミナミブナに関心をもつようになったのは、「森林教室」（NHK文化センター仙台および泉）の受講生のみなさんと、NZ（ニュージーランド）へ行ってからである。NZに上陸して四日目、われわれは、サザンアルプスの最高峰・マウントクックの登山口のひとつ、マウントクック村に入った。ギンブナ（*Nothofagus menziesii*）

の森をみるためである。このとき、地元のガイドさん（日本人）がついた。

ガイドさんは、ミナミブナのことを「ナンキョクブナ」という名前で解説していた。われわれ一行のみなさんの頭にも、ナンキョクブナという樹木名が入りこんでしまった。しかし、私は、ナンキョクブナという言葉に、ひどく違和感をおぼえた。

ガイドさんが「ナンキョクブナ」という樹名を使ったのは、想像すれば、日本の植物や生態学の本を読んでいたからだろう。日本では、*Nothofagus*《ノトファグス》をナンキョクブナと呼んでいるからである。じつは、*Nothofagus*属は、オーストラリア、NZ、南米のチリー、アルゼンチンなど、南半球に広く分布するが、氷の大地・南極には、当然、存在しない。なのに、なぜ、ナンキョクブナなのか。

ナンキョクブナという言葉は、南アメリカ南部に分布するミナミブナの一種の名前に原因している。その樹は学名を*Nothofagus antarctica*《ノトファグス・アンタクティカ》、英名をAntarctic Beech《アンタークティックビーチ》と呼ばれている。antarcticとは「南極の」という意味である。だから、日本の植物学者は、それを直訳してナンキョクブナという名前をつけたのではないか、と思う。そして属名も、ナンキョクブナ属になってしまった。

私はこの和名には納得できなかった。英語の樹木図鑑類（たとえばジョンソン『世界の樹木』）をしらべてみると、*Nothofagus*の解説は、Southern《サザン》 Beeches《ビーチズ》（南のブナ類）という表示のもとで行われている。それで私も、『森のなんでも研究』のなかでは、ミナミブナという樹名を使うことにした。

ところで、英語の「noto」には「南の」という意味がある。私は最初、*Nothofagus*の「notho」は「noto」と同義語か、思っていたのだが、前述の英書によると、「notho」はギリシャ語の「nothos（偽の）」

に由来する語で、*Nothofagus*は「偽のブナ属」という意味である、とあった。しかし、「偽のブナ」では、どうもピンとこない。*Nothofagus*は代表的なゴンドワナ大陸（南の大陸）の植物である。変だな、と思っていたら、ミッチェル『イギリス・北ヨーロッパの樹木ガイド』には、つぎのようなことが書いてあった。「*Nothofagus*の命名者は、Notofagusとすべきところを、誤って？ Nothofagusにしてしまって、そのまま、属名が確定してしまった。本当に「偽り」の名前になってしまった」と。

植物図鑑類の存在意味

本文のなかでも、しばしば指摘したように、植物図鑑は、種の学名や分布の記述がまちまちで、アマチュアは混乱してしまう。たとえば、われわれの身近に存在するコナラやミズナラでも、そうである。ある樹木図鑑をしらべてみると、コナラは、学名が*Q. serrata*《クエルクス・セラタ》で、分布は「北海道・本州・四国・九州、朝鮮半島」とあるが、『中国高等植物図鑑』をみると、コナラには*Q. glandulifera*《クエルクス・グランドゥリフェラ》（＝*Q. serrata*）という学名を使っている。そして分布は「山東・河南・陝西・長江流域各省と、朝鮮、日本にあり」とある。また、長江以南の各省にはその変種が分布している、ともある。つまり、日本のコナラとおなじ種が、東北三省を除けば、中国のほぼ全土に分布していることになる。

ミズナラは、日本の樹木図鑑類をみると、モンゴルナラ（*Q. mongolica*《クエルクス・モンゴリカ》）の変種に位置づける本と、

Q. crispula《クエルクス・クリスプラ》という独立の種にして、分布も「北海道・本州・四国・九州、サハリン・千島」に限定する本がある。前者の考えにしたがえば、日本のミズナラは、同種の仲間が中国の「東北部・山東・河北・山西・内蒙古」にも広く存在することになる（『中国高等植物図鑑』）。

どの図鑑を信用するかで樹木の見方も異なってくる。『中国高等植物図鑑』の立場をとれば、コナラもミズナラも、ふるさとは中国で、おなじ一族が中国大陸を南北に分かれて大きな勢力を張っており、その一派が日本列島にまで広がっている、と解釈できる。

最近、詳しい植物図鑑がたくさん出版されて、よろこばしいことだが、著者によって、学名や分布の記載が異なることも少なくない。これは、著者によって考え方に違いのあることの「意志表示」ともいえる。私は最初、アマチュアにとって「図鑑は信用すべきもの」と思っていたのだが、それはまちがいだった。いまは、読む側も、著者の考え方を選んで参考にすべきである、と考えている。私の場合、種《しゅ》を細かく分ける人の本より、種《しゅ》を統一的にみる人の本を参考にしたい。そういう意味では、日本の図鑑類より、『中国高等植物図鑑』のほうが参考になる。

私は、森のなかの現象を、なんでも、興味のおもむくまま、気のむくままに、書いてきた。本の内容は、従来のジャンルに入ってこないので、タイトルをつけるとき、編集者を悩ませることになる。東京に住んでいたとき、私は、月に一回、作家・幸田 文さん（故人）のお宅にうかがって、森に関する講義をしていた。内容は、虫や鳥獣の話が多く、私はその講義ノートに「森の動態」というタイトルをつけていた。幸田さんは、そんな話にたいへん興味を示された。あとになって思えば、それは森の「静態」ではなく、「動態」の話だったからだ。寝床のなかで、夢うつつにそのことを思い出し、幸田さんをしのびつつ、この本のタイトルに「動態」という言葉を入れることにした。

八坂書房の中居恵子さんはじめ編集部の皆さんには、原稿の修正、ゲラ刷りの校正、レイアウトから装丁まで、本造りの過程で、数かずのお世話になった。そして、今回の本もまた、八坂書房さんのご好意によって実現できた。ここに、厚く感謝の意を表します。

参考文献

青山潤産：『日本の蝶』　北隆館　一九九二
同　　：『中国のチョウ』　東海大学出版　一九九八
同　　：『世界遺産の森　屋久島』　平凡社新書　二〇〇一
浅香幸雄（監）：『日本地図帖』　国際地学協会　一九八四
朝日純一・ほか：『サハリンの蝶』　北海道新聞社　一九九九
アボック社：『樹の本』　一九八〇
飯村　武：『動物生態学への招待』　山海堂　一九九〇
五十嵐邁・福田晴夫：『アジア産蝶類生活史図鑑Ⅰ・Ⅱ』　東海大学出版　一九九七　二〇〇〇
井上　寛・ほか：『原色昆虫大図鑑Ⅰ（蝶蛾編）』　北隆館　一九六三
同・ほか：『日本産蛾類大図鑑Ⅰ・Ⅱ』　講談社　一九八二
海野和男・青山潤三：『日本のチョウ』　小学館　一九八一
長田志朗・ほか：『ラオス蝶類図鑑』　木曜社　一九九九
小野　泱：『シベリアの蝶』　ニュー・サイエンス社　一九七八
開高　健（監）：『自然探訪1　北海道・東北を歩く』　講談社　一九八二
学習研究社：『世界のチョウ』（黒沢良彦・監）一九七九
同　　：『オルビス学習科学図鑑・昆虫1』『同・昆虫2』　一九八〇
亀山　章：『上高地の植物』　信濃毎日新聞　一九九二

川崎哲也：『日本の桜』　山と渓谷社　一九九三
清棲幸保：『日本鳥類大図鑑Ⅰ』　講談社　一九七八
研究社　：『リーダーズ英和辞典』　一九八四
星野安産：『北米大陸　蝶の旅』　山と渓谷社　一九九二
崎尾　均・山本福寿（編）：『水辺林の生態学』　東京大学出版会　二〇〇二
下野新聞社：『日光の花』　二〇〇〇
小学館　：『世界のチョウ』（今森光彦・ほか）一九八四
昭文社　：『世界地図帳』　二〇〇二
菅原孝之・鶴田正人：『大台ヶ原・大杉谷の自然』　ナカニシヤ出版　一九七五
高野伸二：『フィールドガイド　日本の野鳥』　日本野鳥の会　一九八二
筒井迪夫：『株仕立てのクヌギ母樹　林業技術　平十三年十二月号』　二〇〇一
東京地図出版：『観光ドライブ道路地図帖』　一九八三
冨山　稔・森　和男：『世界の山草・野草』　ＮＨＫ出版　一九九六
中山周平：『野山の昆虫』　小学館　一九七八
中山周平・海野和男：『日本のチョウ』　小学館　一九八三
西口親雄：『森林への招待』　八坂書房　一九八二
同　：『アマチュア森林学のすすめ』　八坂書房　一九九三
同　：『木と森の山旅』　八坂書房　一九九四
同　：『森のシナリオ』　八坂書房　一九九六
同　：『森と樹と蝶と』　八坂書房　二〇〇一

同　　　　：『森のなんでも研究』　八坂書房　二〇〇二
日光自然博物館：『戦場ヶ原、小田代原』　一九九九
平凡社　　：『動物大百科4大型草食獣』『同5小型草食獣』　一九八六
保育社　　：『原色日本蝶類図鑑Ⅰ・Ⅱ・Ⅲ・Ⅳ』（福田晴夫・ほか）一九八四
同　　　　：『原色日本甲虫図鑑Ⅳ』（森本　桂・ほか）一九九四
北隆館　　：『原色昆虫大図鑑Ⅲ』（安松京三・ほか）一九七三
同　　　　：『原色樹木大図鑑』（林　弥栄ほか・監）一九八五
同　　　　：『野草大図鑑』（高橋秀男・監）一九九〇
同　　　　：『樹木大図鑑』（高橋秀男・監）一九九一
同　　　　：『（新訂）牧野新日本植物図鑑』　二〇〇〇
同　　　　：『原色昆虫大図鑑Ⅱ』（中根猛彦・ほか）二〇〇一
堀田　満　：『日本列島の植物』　保育社（カラー自然ガイド）一九七四
堀　勝彦　：『高山のチョウ』　信濃毎日新聞社　一九九三
湊　正雄（監）：『日本列島のおいたち=古地理図鑑』　築地書館　一九八五
宮地信良（編）：『奥日光自然ハンドブック』　自由国民社　一九九五
宮前俊男：『尾瀬の植物観察』　ニューサイエンス社　一九八一
山と溪谷社：『日本の野草』　一九八三
同　　　　：『日本の高山植物』　一九八八
同　　　　：『樹に咲く花　離弁花①』　二〇〇〇
同　　　　：『樹に咲く花　離弁花②』　二〇〇一

同　：『樹に咲く花　合弁花・単子葉・裸子植物』　二〇〇一
中国科学院植物研究所（編）：『中国高等植物図鑑』（全七冊）一九九四
王　直誠　：『中国東北蝶類誌』　吉林科学技術出版　一九九九

アッテンボロー、D（門田裕一・ほか訳）：『植物の私生活』　山と渓谷社　一九九八
ルイス、H・L（坂口浩平訳）：『原色世界蝶類図鑑』　保育社　一九七五
カーター、D（加藤義臣・ほか訳）：『蝶と蛾の写真図鑑』　日本ヴォーグ社　一九九六
ジョンストン、V・R：『カリフォルニアの森』（西口親雄訳：セコイアの森　八坂書房　一九九七）

Abrera, B. D.: Butterflies of the Australian region, Lansdowne Press, 1971
Breeden, S. & Cooper, W. : Visions of a rainforest, Simon & Schuster, 1992
Buckley, G. P. (ed) : Ecology and management of coppice woodlands, Chapmann & Hall, 1992
Carter, D. : Butterflies and moths in Britain and Europe, Pan Books, 1982
Corbet, A. S. & Pendlebury, H. M. (Third ed. revised by J. N. Eliot) : The butterflies of the Malay Peninsula, Malayan Nature Society, 1978
Harde, K. W. : A field guide in colour to beetles, Octopus Books, 1984
Hardin, J. W. et al. : Textbook of dendrology, Mc Graw Hill, 2001
John, D. S. & John, O. S. : Trees and shrubs of California, Univ. California Press, 2001
Johnson, H. : The international book of trees, Mitchell Beazley, 1993

Jonsson, L. : Birds of Europe, C. Helm, 1992

Lawrence, E. : The illustrated book of trees and shrubs, Gallery books, 1985

Mason, V. & Jarvis, F. : Birds of Bali, Periplus Editions, 1993

Mitchell, A. : The complete guide to trees of Britain and Northern Europe. Dragon's World, 1985

Mitchell, A. : Trees of North America, Dragon's World, 1990

Novák, I. : Butterflies and moths, Hamlyn, 1985

Šťastný, K. : Songbirds, Hamlyn, 1980

Smart, P. : The encyclopedia of the butterfly world, Tiger Books Intern, 1991

Winkler, H. et al. : Woodpeckers, Russel Friedman Books, 1995

植物名・動物名索引

【カ　行】

【サ　行】

【タ　行】

【ナ　行】

【ハ　行】

【マ　行】

【ヤ　行】

【ラ　行・ワ　行】

欧文索引

著者略歴　西口親雄（にしぐち・ちかお）

1927年、大阪生まれ

1954年、東京大学農学部林学科卒業
　　　　東京大学農学部附属演習林助手

1963年、東京大学農学部林学科森林動物学教室所属

1977年、東北大学農学部附属演習林助教授

1991年、定年退職

現　在、ＮＨＫ文化センター仙台教室・泉教室講師
　　　　講座名：「アマチュア森林学」室内講義
　　　　　　　　「趣味の草木学」室内講義

おもな著書：

『森林への招待』（八坂書房、1982年）
『森林保護から生態系保護へ』（新思索社、1989年）
『アマチュア森林学のすすめ』（八坂書房、1993年）
『木と森の山旅』（八坂書房、1994年）
『森林インストラクター入門　森の動物・昆虫学のすすめ』（八坂書房、1995年）
『ブナの森を楽しむ』（岩波新書、1996年）
『森のシナリオ』（八坂書房、1996年）
『森からの絵手紙』（八坂書房、1998年）
『森の命の物語』（新思索社、1999年）
『森と樹と蝶と』（八坂書房、2001年）
『森のなんでも研究』（八坂書房、2002年）

訳書：『セコイアの森』（八坂書房、1997年）

森の動態を考える

2004年3月25日　初版第1刷発行

著　　者	西　口　親　雄
発 行 者	八　坂　立　人
印刷·製本	モリモト印刷(株)
発 行 所	（株）八 坂 書 房

〒101-0064 東京都千代田区猿楽町1-4-11
TEL 03-3293-7975　FAX 03-3293-7977
郵便振替　00150-8-33915

ISBN 4-89694-839-4

関連書籍のごあんない

アマチュア森林学のすすめ
―ブナの森への招待　西口親雄著

四六　一九〇〇円

森林には「環境保護」と「木材生産」という二つの役割があるが、本書は話題のブナ林に焦点をあて、アマチュアの視点をくずさずに環境保護と森をいろいろな興味から論じたもの。

森のなんでも研究
―ハンノキ物語・NZ森林紀行　西口親雄

四六　一九〇〇円

虫やキノコ、菌根菌など、落ち葉や生き物の亡きがらを土に返す分解者を登場させ、その役割や森との関係を解説。さらに、ニュージーランドと対比しつつ、日本の自然を語り、森林研究の楽しさを紹介する。

森林インストラクター入門
森の動物・昆虫学のすすめ
西口親雄著　A5変形　二〇〇〇円

長年にわたる自然教室などの講師体験から、森林インストラクターに必須の知識をテキスト風に簡潔にまとめたもの。森の生態系のしくみを理解するための動物や昆虫の知識を満載。

森と樹と蝶と
―日本特産種物語　西口親雄

四六　一九〇〇円

日本に特産する樹と蝶を通して、日本の風土の面白さと豊かさ、優しさを語り、あらためて貴重な樹と蝶とそれを育んだ自然を再発見する。ペン画を多数収録。

森のシナリオ
―写真物語　森の生態系

西口親雄著　A5　二四〇〇円

森と森をすみかとする動物・昆虫と向き合うこと40余年。森を知り尽くした著者が撮り、描いた約300点のカラー写真や絵に軽妙な解説を添えた楽しい森林入門書。

植物の歳時記
―春・夏／秋・冬

斎藤新一郎著　四六　各一九〇〇円

季節によせ、折りにふれて描き綴った身近な植物たちの素顔。精密なペン画と俳句、季語を添え、四季を彩る植物たちをやさしく紹介。

表示価格は税別価格です